전쟁을 움직이는 힘!
전장리더십

윤여표 지음

전쟁을 움직이는 힘! 전장리더십

초판 1쇄 발행 2025년 1월 15일

지은이 윤여표

펴낸이 김병호

발행처 주식회사 바른북스

출판등록 2019년 4월 3일 제 2019-000040호

주소 서울시 성동구 연무장5길 9-16, 301호 (성수동2가, 블루스톤타워)

전화 070-7857-9719 | 팩스 070-7610-9820

이메일 barunbooks21@naver.com | 홈페이지 www.barunbooks.com

값 22,000원

ISBN 979-11-7263-921-1

전쟁을 움직이는 힘!
전장리더십

윤여표 지음

바른북스

목차

저자 서문   6

제1장 리더십 그리고 전장리더십   8

    제1절 리더십   10
    제2절 전장리더십   16

제2장 최초의 전장리더십 실증연구   40

    제1절 서론   42
    제2절 전장리더십 평가체계 구축   44
    제3절 전장리더십 평가 및 결과분석   58
    제4절 전장리더십 평가결과와 전투결과의 인과관계 분석   66
    제5절 결론   89

제3장 두 개의 전쟁과 전장리더십   94

    제1절 서론   96
    제2절 언론 보도를 통해 식별된 전장리더십 사례 분석   98
    제3절 전장리더십 관점의 3가지 교훈   119
    제4절 결론   122

제4장
제4차 산업혁명의 핵심기술과 연계한 군 리더십 발전방안　　**128**

　　제1절 서론　　130
　　제2절 리더십에 활용 가능한 제4차 산업혁명 핵심기술　　133
　　제3절『육군 리더십 발전 아키텍처』와 제4차 산업혁명 기술 적용　　137
　　제4절 결론　　161

제5장 미래 전장리더십
(AI 기반 유무인 복합전투 환경에서의 전장리더십 발휘)　　**164**

　　제1절 서론　　166
　　제2절 과학기술 및 무기체계와 리더십 관계 분석　　169
　　제3절 미래 육군의 모습과 '육군 리더십 모형'의 변화　　174
　　제4절 향후 심층적인 '미래 전장리더십'연구를 위한 추진 방향　　193
　　제5절 결론　　198

제6장 전장리더십 평시 함양방안　　**202**

　　제1절 서론　　204
　　제2절 전장리더십 교육내용 면　　205
　　제3절 전장리더십 교육방법 면　　213
　　제4절 전장리더십 평가 및 교육시스템 면　　228
　　제5절 기타 면　　232
　　제6절 결론　　239

참고자료

　　전장리더십 진단문항　　242

저자 서문

"전장리더십은 전시, 전투현장에서 발휘되는 리더십이다."

전장리더십 연구를 위해서는 두 가지 분야의 이해, 경험, 통찰이 요구된다. '전장(戰場)' 그리고 '리더십'이 그것이다. 직업군인으로서 군문에 들어선 이후 '전장'에 대한 고민은 숙명과도 같았다. 전투의 특성과 전장에서의 심리에 대한 깊은 이해가 요구됐다. 인간 심리와 역동적인 상호작용은 늘 흥미로운 주제였기에 '리더십'은 저자의 주된 관심사였다. 다행스럽게도 저자는 합참, GOP부대, 해안경계부대, 기계화부대 등 다양한 제대 및 부대의 '작전' 분야에 근무하며 늘 전투를 머릿속에 담고 있었고, 육군리더십센터에서의 오랜 시간을 리더십 연구 및 교육에 쏟았다.

'**전장리더십은 최고의 리더십이어야 한다!**' 전장리더십은 죽음이 보이는 위험 속에서도 리더의 영향력 하나만으로 적진으로 뛰어드는 부하를 만든다. 부하의 생명까지도 요구할 수 있는 영향력이 전장리더십의 요체다. 그러기에 **전장리더십은 군인의 정체성이자 자존심이다.** 많은 군사전문가의 연구영역이 될 수 있으나, 직업군인에게 최적화된 영역이기도 하다. 이런 이유로 육군리더십센터장으로서 전장리더십에 대한 책을 낼 수 있어 다행스럽다. 숙제 하나를 해낸 느낌이다.

책 제목을 고민했으나 정공법을 택했다. 수식어 없이 '전장리더십'으로 명명했다. 제목의 붉은 색은 전장리더십이 피로써 얻은 교훈임을 상징한다.

이 책을 시작으로 전장리더십에 대한 관심과 연구가 본격화되기를 희망한다. 책이 나오기까지 도움을 준 많은 분께 감사한다. 특히 아내 이종경 여사의 헌신과 사랑에 감사한다.

자운대에서 저자 씀.

제1장

리더십 그리고 전장리더십

제1절 리더십

제2절 전장리더십

요약

리더십은 리더의 가장 강력한 자산이다. 리더십 발휘에는 목적이 있다. 리더와 조직에 부여된 임무를 완수하고, 조직의 발전을 위해 리더십이 필요하다. 리더십의 핵심 수단은 '영향력'이다.

전장리더십은 군인의 리더십이다. 전시, 전투현장에서 발휘되는 리더십으로서 민간기업의 리더십이나 평시리더십과 그 결이 다르다. 기본적으로 치열하며 위태롭고 긴박한 환경 속에서 생명의 위험을 감수하고 발휘되기 때문이다. 전장리더십의 핵심은 '전투의 특성'과 '전장의 심리현상'을 어떻게 통제하느냐에 달려있다. 그러므로 해당 특성 및 심리현상이 발생하기 직전까지 시행되는 리더의 '사전준비'와 해당 특성 및 심리현상이 발생했을 때 현장에서 취해지는 리더의 '현장조치'가 중요하다.

전장리더십이 좋은 지휘관이 전투를 잘한다.
이에 대한 객관적 실증연구를 제시했다.

*주요 용어

리더십, 전장리더십, 전투의 특성, 전장의 심리현상, 사전준비, 현장조치

제1절 리더십

리더십 정의

> 리더십이란 리더가 임무를 완수하고 조직을 발전시키기 위하여, 구성원에게 목적과 방향을 제시하고, 동기 부여함으로써 영향력을 미치는 활동이다.[1]

리더십 정의는 연구자 수만큼 다양하다는 말이 있다. 그럼에도 불구하고 공통적인 것은 리더십이 발휘되는 '목적'이다. 리더와 조직에 부여되는 임무를 완수하기 위해 리더는 리더십을 발휘한다. 또한 단기적인 임무 완수에 그치는 것이 아니라 리더의 리더십은 조직 발전에 기여하는 방향으로 발휘되어야 한다. 목적을 달성하기 위해 사용되는 수단이 바로 '영향력'이다. 리더십에서 가장 중요한 단어 하나를 뽑으라면 단연 '영향력'일 것이다.

영향력은 타인의 행동이나 태도, 가치관, 신념에 효과적인 변화를 일으킬 수 있는 행위나 능력이다. 진정한 영향력은 명백한 물리력이나 직접적인 명령의 행사 없이도 효과가 있어야 한다. 영향력은 구성원에게 미치는 리더의 힘으로서 가장 효과적인 리더십의 수단이다. 리더는 구성원에게 긍정적이고 목적에 부합하는 영향력을 발휘하여 임무 완수를 가능하게 한다. 따라서 리더는 임무 수행 과정에서 효과적으로 영향력을 발휘하여

---

1 리더십에 대한 정의는 너무나 다양해서 하나로 특정하기 어렵다. 리더십 관련 도서들을 참고하여 공통적으로 제시하고 있는 핵심 단어들로 정의했다.

구성원의 사고와 행동, 가치관, 신념 등 서로 다른 욕구와 가치를 리더가 원하는 방향으로 이끌어서 조직의 목표에 합목적적(合目的的)으로 행동하도록 변화시켜야 한다. 리더는 직책과 개인적인 역량을 바탕으로 영향력을 갖게 되며, 이러한 기반이 풍부할수록 영향력은 커진다.

영향력의 종류에는 표-1과 같이 **직책영향력과 개인영향력**이 있다. 직책영향력은 조직에서 부여한 계급과 직책 등 공식적인 지위에 근거한 영향력으로 강제적 영향력, 보상적 영향력, 합법적 영향력으로 구분한다. 개인영향력은 리더 개인의 인격, 매력, 전문성 등에 근거한 영향력으로 준거적 영향력, 전문적 영향력이 있다. 직책영향력은 리더의 직책, 역할에 따라 달라지지만, 개인영향력은 리더 개인의 역량에 따라 다르게 나타난다. 따라서 **직책영향력과 개인영향력이 서로 결합하였을 때 강력한 시너지 효과가 나타난다.**

구분		내용
직책 영향력	강제적 영향력	리더가 구성원을 처벌·위협하거나, 강제로 압력을 행사할 수 있는 능력에서 발휘된다.
	보상적 영향력	리더가 구성원이 원하는 물질적·정신적 보상 등을 해줄 수 있는 능력에서 발휘된다.
	합법적 영향력	조직이 리더에게 공식적으로 부여한 직책, 규정, 법규 등에서 발휘된다.

개인 영향력	준거적 영향력	리더가 개인적인 인격, 매력, 바람직한 인간적 특성 등을 보유함으로써 발휘된다.
	전문적 영향력	리더가 특정 분야 전문지식, 특수기술, 경험, 해결 방안 등을 보유함으로써 발휘된다.

표-1. 영향력의 종류[2]

영향력을 발휘하는 방법은 리더와 구성원의 특성, 상황에 따라 달라진다. 따라서 리더는 어떤 상황에서 어떠한 방법이 효과적인가를 충분히 고려하여 영향력을 발휘해야 한다. 예를 들어, 리더가 보상을 통해 구성원을 움직이고자 할 때 리더가 보상할 능력을 갖추고 있고, 구성원도 보상을 원하면 영향력이 발휘될 수가 있다. 반면, 리더가 보상할 능력을 갖추고 있더라도 구성원이 보상을 원하지 않거나, 구성원이 리더가 보상 약속을 지키지 않을 것으로 생각한다면 영향력은 발휘되지 않는다. 따라서 영향력 발휘 대상이 다양한 만큼 리더는 대상별 특성을 고려하여 맞춤으로 영향력을 발휘하는 것이 매우 중요하다. 이러한 영향력 발휘 효과는 그림-1과 같이 영향력을 받은 구성원이 어떠한 반응을 보이고, 어떠한 성과를 달성했으며, 어떻게 변화되었는가로 판단할 수 있다.

---

2 영향력은 권력과 깊은 관계가 있다. 권력 개념과 연계된 영향력의 종류에 대해서는 최병순·이민수의 『리프레이밍 리더십(군에서 찾은 최고의 리더십)』 (2022) 등 여러 리더십 서적을 참고하여 정리했다.

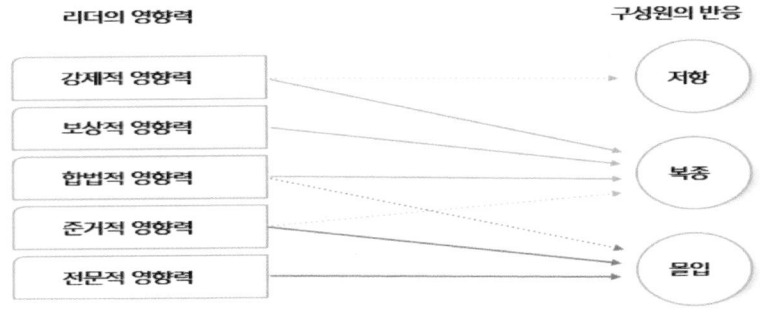

그림-1. 영향력에 따른 구성원의 반응[3]

　탁월한 리더는 구성원의 마음을 얻는다. 마음을 얻는 과정은 쉽지 않아 다양한 노력이 요구된다. 리더는 가장 효과적인 영향력을 발휘하기 위해 합법적인 요구, 보상, 개인적인 호소, 직접 협업, 합리적인 설득, 설명, 감화적 호소, 구성원의 적극적인 참여 요구, 압력 행사 등 다양한 기법을 활용한다. 어떤 상황에서는 여러 기법을 동시에 사용해야 한다.

　리더가 다양한 기법을 활용하여 영향력을 발휘할 때, 구성원은 리더의 영향력에 대한 적극적 반대인 '저항', 리더의 요구나 필요에 따르는 행동인 '복종', 기꺼이 헌신하여 리더와 조직, 임무에 충성하는 '몰입'으로 표출될 수 있다. 복종이 구성원의 행동에 영향을 주는 데 반해, 몰입은 신념, 태도, 행동의 변화까지 영향을 준다. 구성원이 몰입하게 되면 과업을 완수하기 위해 스스로 더 많이 노력하게 된다. 따라서 **리더는 구성원의 몰입을 이끌어내도록 고민하고 노력해야 한다.**

　리더는 구성원의 저항에 부딪히지 않도록 해야 한다. 저항은 구성원과

3　『Managing』(L.N. Jewell & J. Reitz, 1985.)

의 신뢰 부족, 이해 부족, 복지에 관한 관심 부족에서부터 생겨날 수 있다. 따라서 리더는 구성원이 저항의 반응을 보인다면 원인이 무엇인지를 최단 시간 내에 식별하고, 빠르게 대응하여 조직 내에서 부정적인 마음을 변화시키고 상호 신뢰를 회복하기 위해 노력해야 한다.

리더십의 중요성

리더십의 중요성을 밝힌 육군리더십센터 실증 연구[4]에 의하면 표-2와 같이 리더의 리더십 수준이 높을수록 리더십 만족도, 동료 간 응집력, 부대 정신, 부대훈련 성과가 높았다. 특히 부대훈련 평가 문항은 부대 전투력과 직결된 전투체력단련, 악천후 훈련, 편제장비 운용 능력, 필수과목 합격률, 전투참모단의 통합전투수행 능력 등으로 구성되어 있다. 즉, 리더십 수준[5]과 부대 전투력은 정비례한다. 리더의 리더십 수준이 높을수

---

4 2020년 연례 육군 리더십 수준 진단(CASAL: Center for army leadership Annual Survey of Army Leadership) 통계분석 결과(육군리더십센터·충남대 공동연구)

구분	리더십 만족도	동료 간 응집력	부대 정신	부대 훈련	비고
리더십 수준	1.19**	.90**	.89**	.82**	**p<.01, 종속변수별로 회귀분석을 실시

* 진단 참여자: 39,624명

5 여기서 언급하는 '리더십' 수준은 '육군 리더십 모형'의 27개 핵심요소의 평균 수준을 말한다. 27개 핵심요소 진단문항은 전·평시를 아우르는 공통 내용이긴

록 부대의 전투력도 비례하여 높은 수준을 유지하며, 리더의 리더십 수준이 낮을수록 부대의 전투력 수준도 낮아짐을 알 수 있다. 이처럼 리더십 수준이 전투력과 직결되므로 군 리더는 자신의 리더십 수준을 높이기 위해 노력해야 한다.

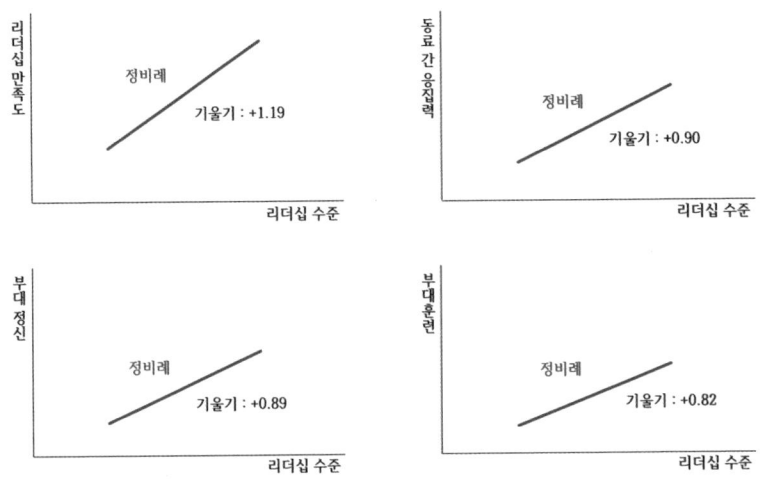

표-2. '리더십 수준'과 '리더십 효과성' 관계

하지만 **'전시, 전투현장에서 발휘되는 리더십'으로 특정하여 측정한 것이 아니므로 이 리더십 수준을 '전장리더십' 수준이라고 말하기에는 무리가 있다.**

제2절 전장리더십

전장리더십의 중요성

"무적의 로마군을 전율케 한 것은 카르타고군이 아니라 **한니발**이었다."

이 말은 리더와 전장리더십의 중요성을 함축적으로 표현하고 있다. 이처럼 리더의 전장리더십은 전투승리에 기여하는 결정적인 무형 전투력이다.

전장리더십은 전투수행기능[6]을 통합하고, 촉진함으로써 전투승리를 달성하게 해준다.[7] 전장리더십이 군 전투력을 결정짓는다.

전장리더십의 정의

전장리더십이란 **전시, 전투현장에서 발휘되는 리더십**이다.

전투현장은 예측할 수 없이 격렬하고 생명을 위협하는 고위험이 상존한다. 나의 생존을 보장받기 위해서는 반드시 적을 제압해야 한다. 이런 가혹한 전투현장의 모습은 전투가 벌어지기 전까지 장병 그 누구도 자신이 어떠한 상황에 부닥치게 될지 알지 못한다는 불확실한 속성이 있다.

---

[6] 전투수행기능은 지휘관이 임무를 완수하기 위해 사용하는 공통의 목적으로 결합된 과업과 체계의 집합이다. (기준교범 1『지상작전』. 2021.) 전투수행기능은 '지휘통제, 정보, 기동, 화력, 방호, 지속지원'으로 구성된다.

[7] 기준교범 1 『지상작전』. 2021.

많은 전사(戰史)를 통해 리더의 전장리더십이 전투 결과에 얼마나 결정적인 역할을 했는지 확인할 수 있다. 패색이 짙던 전황이 한 명의 리더로 인해 승리로 귀결되거나, 확연한 전력의 우세에도 불구하고 리더의 잘못으로 패배하게 된 전투사례는 헤아릴 수 없이 많다. **참전 용사와 전사 연구가의 일치된 주장 중 하나는 전시, 전투현장에서 발휘되는 리더십이야말로 전투의 승패를 결정짓는 핵심요소라는 것이다.**

평시에 리더십을 제대로 발휘하지 못한 리더가 전시 전투현장에서 갑자기 탁월한 전장리더십을 발휘하는 것은 불가능하다. 그렇다고 해서 평시에 탁월한 리더십을 발휘한 리더가 전투현장에서 반드시 탁월한 전장리더십을 발휘할 것이라고 장담할 수 없다. 가장 일반적인 접근은 '**리더가 평시에 전장리더십 역량을 잘 함양하고 개발하면 전시, 전투현장에서도 탁월한 전장리더십을 발휘할 것**'이다. 전장리더십과 평시 리더십의 본질과 원칙은 동일하며 역량은 전·평시 리더십에서 공통으로 요구되고 작동된다. 다만 구체적 실천방안은 전·평시 상황을 고려해 다르게 적용한다.

전장에서의 리더십 발휘는 전투의 특성, 전장에서의 심리 현상 극복과 직접적인 관계가 있다. 리더는 그림-2처럼 **전투의 특성[8]과 전장에서의 심리 현상[9]이 전투에 미치는 부정적 영향은 최소화하고, 최대한 순기능적으로 작용하도록 전장리더십을 발휘함으로써 임무 완수와 전투승리를 담보할 수 있다.**

---

8   전투의 특성: 위험, 불확실성과 우연, 정신적·육체적 피로와 고통, 마찰
9   전장의 심리현상: 불안과 공포, 공황, 유언비어 확산, 지각 능력의 저하, 가치 기준의 하락, 동화의식의 확산, 외상후스트레스장애(PTSD)

전장리더십 발휘의 핵심은 '전투의 특성'과 '전장에서의 심리 현상'이 미치는 부정적 영향은 최소화하고, 최대한 순기능적으로 작용하게 하기 위해 시행되는 리더의 '사전준비'와 '현장조치'에 있다.

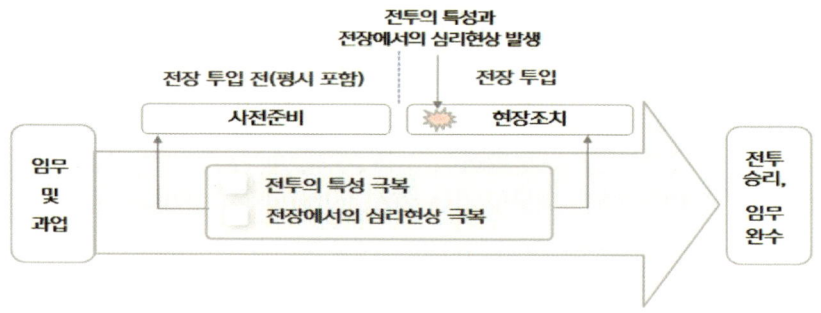

그림-2. 전장리더십 발휘 메카니즘

전투의 특성을 극복하기 위한 전장리더십 발휘[10]

전투는 시간과 공간이라는 전장 환경에서 피아 의지가 충돌하는 역동적인 현장이다. 전투에서는 쌍방의 의지를 관철하기 위해 물리적인 힘을 사용하여 지속적으로 인간의 생명을 위협하고, 의지를 시험하므로 예상하지 못하는 다양한 상황이 나타난다. 이처럼 전장에서 리더가 마주치는

---

[10] 육군리더십센터는 군 리더십의 메카로서 간부들의 전장리더십 함양을 위해 진력하고 있다. 육군리더십센터에서 제작하여 병과학교에서 교육하는 『리더십 기본교재(2024)』에서 핵심내용을 정리하여 제시했다.

상황은 전투의 특성[11]에서 기인한다. 전투의 특성은 작전수행과 전장에서의 심리 현상에 직접적으로 영향을 미친다. 전장에서 나타날 수 있는 대표적인 전투의 특성은 다음과 같다.

• 위험 • 불확실성과 우연 • 정신적 • 육체적 피로와 고통 • 마찰

이러한 **전투의 특성이 미치는 부정적 영향은 최소화**하고, **최대한 순기능적으로 작용**하게 하기 위해서는 리더의 '**사전준비**'와 '**현장조치**'가 필요하다. **평시부터 전투의 특성이 발생하기 직전까지 시행되는 리더의 '사전준비'와 전투의 특성이 발생했을 때 시행하는 리더의 '현장조치'**를 통해 극복이 가능하다.

1) 위험

위험은 리더와 구성원이 생명을 위협받거나 잃게 될 우려가 있는 상태이다. 이처럼 전장에서 피아 간의 전투행위는 주로 적 부대 격멸을 추구하기 때문에 그 자체에 파괴라는 속성을 지니고 있어 인간의 생명을 위협한다.

위험으로 인해 발생하는 **현상**에는 죽음과 부상에 대한 두려움, 패배의 고통과 부담감, 공황, 동화의식 확산 등이 있다.

---

11 인간 영역 특히 인간의 심리 현상에 영향을 주는 **전투의 특성**으로 **클라우제비츠, 로링호벤, 우드 등 주요 전쟁이론가의 논문과 전문가 토의를 거쳐 육군 리더십센터에서 정립**했다.

|사전준비| 리더는 전투에서 승리하기 위해 전장에서 마주할 위험 요소를 극복해야 한다. 리더가 '위험'이 만드는 부정적 요소를 최소화하기 위해 사전 준비해야 할 사항은 다음과 같다.

임무수행간 위험 요소를 예측하여 위험 상황에 직면하지 않기 위한 예행연습, 워게임 등을 통해 철저한 준비를 해야 한다. 정신직인 태도가 전투에 결정적인 영향을 미치므로 명확한 사생관을 정립하고 투철한 군인정신을 함양해야 한다. 또한 잘 준비하면 위험에 빠지지 않는다는 자신감을 갖도록 구성원을 교육해야 한다. 실전적인 교육훈련을 통해 장애물, 험준한 지형과 같은 자연환경을 극복할 수 있는 능력과 적보다 경쟁우위의 전투기술과 무기체계 활용 능력을 구비하고, 우발 상황에 대비하여 장비와 물자를 충분히 확보해야 한다. 또한 언론 매체의 보도에 따른 작전 상황 유출로 위험한 상황이 도래할 수 있으므로 작전보안을 준수하고 보도 지침을 명확히 숙지하여 조치해야 한다.

|현장조치| 사전준비에도 불구하고 '위험'한 상황이 전투현장에서 발생할 경우에 리더가 조치할 사항은 다음과 같다.

리더는 전장 상황을 지속적으로 파악하여 구성원과 예하부대의 위험 상황이 감내할 수 있는 범위인지를 평가하고, 구성원과 예하부대가 지속적으로 임무를 수행할 것인지 추가적인 상급부대 지원이나 응급조치가 필요한지를 판단해야 한다. 또한 리더는 위험을 회피하지 않는 용기를 발휘해야 한다. 용기를 갖고 의연하게 행동하면 구성원의 안정감과 자신감을 함양하고 전투 의지를 고양할 수 있다. 리더의 당황하지 않고 침착하고 신속한 행동은 두려움과 위험 요소를 극복할 수 있다.

2) 불확실성과 우연

불확실성과 우연은 전장 상황이 확실하지 않고, 인과 관계 없이 뜻하지 않는 일들이 발생한 상태이다. 불확실성과 우연으로 인해 혼란을 초래할 수 있으나 생각하지 못했던 호기도 함께 찾아올 수 있다. 이처럼 전장감시체계의 발달에도 불구하고 대부분의 전투는 불확실성의 연속 선상에서 이루어지며 예기치 못한 사태가 도처에서 발생한다.

불확실성과 우연으로 인해 발생하는 **현상**에는 상황에 대한 오판, 뜻하지 않은 변수로 인한 혼란, 유언비어의 확산, 불안과 공포 등이 있다.

|사전준비| 리더는 전투에서 승리하기 위해 전장 상황의 불확실성과 우연을 극복해야 한다. 리더가 '불확실성과 우연'이 만드는 부정적 요소를 최소화하고, 최대한 순기능적으로 작용하게 하도록 사전에 준비해야 할 사항은 다음과 같다.

임무수행간 적의 전술 변화와 다양한 무기체계를 활용한 공격 등 각종 방해 상황을 상정하여 대비해야 한다. 이를 위해 각종 전투사례를 분석하고 징후판단 능력 구비 등 군사전문지식을 갖추도록 노력해야 한다. 기상 이변, 혹한과 혹서, 재해, 전염병과 같은 질병 등 환경적 요소에 대한 사전 대응 방안 등 우발계획을 사전에 준비하고 원활한 의사소통체계를 구축하여 공통된 전술관을 갖고 전투에 임할 수 있도록 해야 한다. 또한 전투는 항상 유리한 상황에서 전개되지 않는다는 것을 구성원에게 주지시키고, 평소 지휘 의도를 교육하여 적시에 결심이 이루어질 수 있도록 해야 한다.

|**현장조치**| 사전준비에도 불구하고 '불확실성과 우연'의 상황이 전투현장에서 발생할 경우에 리더가 조치할 사항은 다음과 같다.

리더는 어떤 상황에서도 자신감, 직관력, 통찰력, 종합적 사고와 상황판단력에 기초하여 우발계획을 창의적으로 적용하고 시간의 제한성을 극복할 수 있는 적시 적절한 결심을 해야 한다. 전장감시와 정찰을 통해 전장을 가시화하여 구성원과 정확한 정보를 공유해야 한다. 또한 불완전하거나 부족한 정보 속에서도 발생한 상황 속의 위기와 호기를 잘 판단하여 즉응성 있게 우발계획을 시행해야 한다. 불확실성과 우연의 상황에서는 예하 지휘관(자)에게 권한을 위임하는 임무형지휘가 더욱 요구된다.

3) 정신적·육체적 피로와 고통

정신적·육체적 피로와 고통은 정신이나 육체가 몹시 지쳐 힘들고, 괴로우며 아픈 상태이다. 전장에서 경험하게 되는 가장 현실적인 어려움은 정신적·육체적 피로와 고통이다. 위험, 불확실성과 우연 등과 상승작용을 일으키는 전장은 그 자체가 고도의 스트레스 상황으로 평소보다 훨씬 더 빠르게 육체적 피로가 누적되고 전투력이 저하된다.

정신적·육체적 피로와 고통으로 인해 발생하는 **현상**에는 전투력 저하, 지각 능력의 저하, 가치 기준의 하락 등이 있다.

|**사전준비**| 리더는 전투에서 승리하기 위해 정신적·육체적 피로와 고통을 극복해야 한다. 리더가 '정신적·육체적 피로와 고통'이 만드는 부정적 요소를 최소화하기 위해 사전에 준비해야 할 사항은 다음과 같다.

평소 강인한 체력단련과 실전적인 훈련은 전장의 피로와 고통을 극복

하게 해주는 가장 효과적인 방법이다. 그러므로 리더는 평소 전투준비나 교육훈련과 연계하여 주기적으로 악조건하 극한 상황을 훈련함으로써 구성원이 필수적인 과업과 활동을 자율적으로 시행하도록 해야 한다. 또한 평소에 대리 임무수행 체계를 정착시켜 임무수행과 전투휴식의 균형을 유지함으로써 회복탄력성을 강화해야 한다. 중무장하고 장애물이나 지형을 극복하는 것은 평소보다 많은 에너지가 소모되고 임무수행 후 다시 전투력을 회복하는 데에는 적절한 시간이 소요되므로 계절별, 주·야간별 전투 필수 보급품과 장비를 확보하여 적시성 있는 지속지원 활동을 강구해야 한다.

|현장조치| 사전준비에도 불구하고 '정신적·육체적 피로와 고통'의 상황이 전투현장에서 발생할 경우에 리더가 조치할 사항은 다음과 같다.

리더는 냉철한 이성으로 자신과 부대가 처한 역경과 고난으로 인한 피로와 고통의 문제점을 정확히 파악하고 진단해야 한다. 이는 구성원의 감정적인 반응과 행동을 주의 깊게 관찰하거나 구성원의 사소한 불만사항에 귀 기울임으로써 평가할 수 있다. 리더는 일정 기간 전투 임무를 수행한 개인이나 부대는 교체 또는 교대하거나 전투휴식 부여, 수면 보장, 충분한 물자보급, 영양 섭취 등을 해야 한다. 정신적·육체적 피로와 고통으로 힘들어하는 구성원을 회복시키는 가장 중요한 방법은 현장조치를 하는 리더가 자신감 있는 모습을 보여주며 동고동락하고 솔선수범하여 극복하는 것이다. 전투가 지속되어 수면이 부족한 상황이 발생하면 리더는 쉬운 문장을 사용하여 지휘하고 핵심 사안을 되짚어 주고 지시사항에 대한 복명복창을 더욱 철저히 강조해야 한다.

4) 마찰

마찰은 계획과 의지에 반하는 일 또는 상황이 발생한 상태이다. 전투는 마찰의 연속으로 전장에서는 자유 의지에 따라 행동하는 적뿐만 아니라 지형 및 기상, 구성원의 정신적·육체적 능력 차이 등으로 인해 최초 계획과 의지를 무력화시키는 마찰이 항상 존재한다. 그러므로 마찰 발생을 고려하여 계획 수립과 시행의 융통성 확보가 무엇보다 중요하다.

마찰로 인해 발생하는 **현상**에는 예상과 빗나간 적의 규모나 활동, 지형과 기상의 변화, 아군 전투력 발휘 제한 등으로 수행하고 있는 전투를 방해하고 때로는 불가능하게 만들 수 있다.

|사전준비| 리더는 전투에서 승리하기 위해 마찰을 극복해야 한다. 리더가 '마찰'이 만드는 부정적 요소를 최소화하고, 최대한 순기능적으로 작용하게 하도록 사전에 준비해야 할 사항은 다음과 같다.

리더는 마찰 요소를 예측하여 융통성 있는 계획을 준비하고 작전계획에 의한 충분한 예행연습을 통해 마찰 요소를 사전에 평가해야 한다. 장비와 물자를 충분히 확보하고 정상적인 가동 상태를 유지하며, 구성원에게 사용 방법을 숙달시킴으로써 전장에서 발생하는 마찰을 최소화할 수 있다. 평시 훈련 시에도 각종 마찰이 발생하는 상황을 상정하여 실전과 같이 훈련을 시행함으로써 극복 능력을 배양할 수 있다. 또한 도시화에 따른 변화와 민간인 생명과 재산 보호 등 민간요소에 의해 발생할 수 있는 마찰에 대해서도 대응 방안을 사전에 강구해야 한다.

|현장조치| 사전준비에도 불구하고 '마찰'이 전투현장에서 발생할 경우에 리더가 조치할 사항은 다음과 같다.

리더는 마찰이 미치는 영향을 분석하고 긴밀한 협조를 통해 최초계획을 수정 또는 우발계획을 시행할 것인지를 결심하고, 사기와 군기를 유지, 지속지원 능력 보강 등의 조치를 통해 마찰 요소를 극복해야 한다. 또한 구성원의 적절한 휴식과 수면 여건을 보장하는 조치를 통해 전투력을 발휘할 수 있도록 해야 한다.

전장의 심리 현상을 극복하기 위한 전장리더십 발휘[12]

|전장의 심리 현상|[13] 인간은 전장에서 죽음의 공포와 두려움으로 인해 극한의 스트레스를 받게 된다. 이로 인해 전장에 투입된 구성원에게는 평상시와 다른 각종 심리 현상이 나타나게 되며, 이는 직·간접적으로 전투력 발휘에 지대한 영향을 준다. 전장에서 나타날 수 있는 대표적인 심리 현상은 다음과 같다.

•불안과 공포 •공황 •유언비어 확산 •지각 능력 저하
•가치 기준 하락 •동화의식 확산 •외상후스트레스장애(PTSD)

---

12 육군리더십센터에서 제작하여 병과학교에서 교육하는『리더십 기본교재(2024)』에서 핵심내용을 정리하여 제시했다.

13 **전투의 특성**에 의해 인간이 반응하는 심리로 교육참고 『육군 리더십』, 야전교범 『전투스트레스 관리』와 데이브 그로스먼의 『전투의 심리학』을 기초로 전문가 토의를 거쳐 정립했다.

이러한 전장의 심리 현상이 미치는 부정적 영향은 최소화하고, 최대한 순기능적으로 작용하게 하기 위해서는 리더의 '사전준비'와 '현장조치'가 필요하다. 평시부터 전장의 심리 현상이 발생하기 직전까지 시행되는 리더의 '사전준비'와 전장의 심리 현상이 발생했을 때 시행하는 리더의 '현장조치'를 통해 극복이 가능하다.

1) 불안과 공포

불안은 어떤 위험이 곧 닥쳐올 것을 예견해 긴장하는 현상이며, **공포**는 앞으로 직면할 문제를 자신의 능력으로 감당하기 어렵다고 느낄 때 발생하는 위축되고 두려워하는 현상이다. 불안과 공포는 전장에서 나타나는 가장 대표적인 심리 현상이다. 불안과 공포는 공황, 유언비어 확산, 외상후스트레스장애 등 다른 심리 현상으로 전이되기도 한다. 그러므로 불안과 공포를 잘 관리한다면 다른 심리 현상도 효과적으로 관리할 수 있다. 전장에서 불안과 공포를 느끼는 상황은 개인별로 차이가 있으나 전투가 진행되는 시간보다 전투를 준비하는 중에 더욱 느끼게 된다.

불안과 공포로 인해 발생하는 **현상**에는 배변·배뇨 조절 능력 상실, 몸 숨김, 명령 불복종, 기절, 전장 이탈, 자해 등이 있다.

|**사전준비**| 리더는 전투에서 승리하기 위해 불안과 공포를 극복해야 한다. 리더가 '불안과 공포'로 인한 부정적 요소를 최소화하고, 최대한 순기능적으로 작용하게 하도록 사전에 준비해야 할 사항은 다음과 같다.

불안과 공포의 느낌에 대한 영상 시청과 공개 토의함으로써 불안이나 공포가 누구나 느끼는 본능적임을 깨닫게 하고, 공포심에 수반되는 수치

심과 죄책감이 없어지도록 해야 한다. 또한 전투 상황에서 자신감을 가질 수 있도록 실사격 훈련, 과학화전투훈련(KCTC), 마일즈 훈련, 다양한 상황을 상정한 예행연습 등의 실전적인 훈련으로 공포 상황에 대한 적응력을 높여야 한다. 3D 지도를 활용하여 작전지역을 간접적으로 경험함으로써 지형에 대한 불안과 공포를 극복할 수 있다. 또한 구성원 간에 가족과 같은 긴밀한 유대관계를 형성하면 위험한 임무수행에 따른 불안과 공포를 극복할 수 있는 전우애를 형성할 수 있다.

|현장조치| 사전준비에도 불구하고 '불안과 공포'의 현상이 전투현장에서 발생할 경우에 리더가 조치할 사항은 다음과 같다.

적과 아군 관련 정보와 첩보를 정확하게 알려주어야 하며, 오해를 일으킬 수 있는 소문은 지체 없이 구성원에게 사실을 인지시켜야 한다. 또한 어려운 임무를 부여할 때는 리더가 직접 설명함으로써 믿음과 신뢰를 형성하여 자발적으로 따르게 하고, 엄정한 군기를 유지하여 지휘체계를 지속적으로 유지해야 한다. 한편 공포 상황에서 리더의 의도적인 유머는 구성원의 주의를 전환하여 공포를 줄일 수 있다. 리더는 불안과 공포에 빠진 구성원을 격려하고, 침착하고 자신감 있게 진두지휘하는 리더의 모습을 보임으로써 구성원에게 '자기가 처해 있는 상황이 그렇게 두려워할 정도는 아니다.'라는 안도감을 갖게 할 수 있다.

2) 공황

공황은 극심한 불안과 공포에 압도되어 자제력을 상실하고 방황하거나 극도의 이상 흥분으로 공포로부터 무조건 도피하려는 현상이다. 공황은 극히 충동적이고 전염성이 강해 집단에 쉽게 전이되어 부대 전투력 저하는 물론 단번에 조직을 와해시킬 수 있다.

공황으로 인해 발생하는 **현상**에는 구성원이 극도의 흥분, 판단력 상실, 분노와 폭행, 잔악한 상황에 열광하거나 몰입, 대열이탈, 방향감각 없는 도망 등이 있다.

|사전준비| 리더는 전투에서 승리하기 위해 공황을 극복해야 한다. 리더가 '공황'으로 인한 부정적 요소를 최소화하기 위해 사전에 준비해야 할 사항은 다음과 같다.

리더는 평시 훈련을 통해 상황 대처 요령을 반복 숙달하여 자신감을 배양해야 한다. 훈련이 잘된 집단은 자신감이 있고 위기 상황에서 대처 능력이 높아진다. 또한 잠재적인 공황 유발 가능자가 누구인지를 주의 깊게 파악하고 세심하게 관리하여야 한다. 이를 위해 힘든 부대훈련 시 관찰을 통해 극한 상황에서 안심해도 될 사람과 주의해야 할 사람을 미리 파악하여 필요시 전우조를 편성해야 한다. 또한 공황과 같은 심리적 흥분상태는 전투 시 공격하는 적에게 발생 가능성이 더욱 커진다는 사실을 교육하여 용기 상실이나 사기 저하로 이어지지 않도록 해야 한다.

|현장조치| 사전준비에도 불구하고 '공황'의 현상이 전투현장에서 발생할 경우에 리더가 조치할 사항은 다음과 같다.

리더는 단호하고 용기 있게 행동함으로써 공포가 확산하지 않도록 해야 한다. 또한 리더의 신념에 찬 명령과 모범은 리더가 구성원과 함께하고 있음을 알려서 구성원이 평온을 유지하게 하고 공포에 맞설 수 있게

한다. 공황 증상이 나타난 장병을 격리하고 전투 이탈자를 법과 원칙에 따라 신속하게 조치함으로써 부대의 질서를 유지하고 공황의 확산을 방지해야 한다.

3) 유언비어 확산

유언비어 확산은 아무 근거 없는 소문이 널리 퍼지는 현상이다. 유언비어는 인터넷, 방송 매체 등을 통해서도 확산될 수 있으며 불안과 공포가 높은 상황에서 유언비어가 난무하기 쉽다. 유언비어 확산은 부대의 사기와 기강을 해치는 주된 요인으로 전투 의지를 저하시킨다.

유언비어 확산으로 인해 발생하는 **현상**에는 구성원의 불안과 불평불만, 좌절감과 권태감, 잘못된 상상이나 추측 등이 있다.

|사전준비| 리더는 전투에서 승리하기 위해 유언비어 확산을 극복해야 한다. 리더가 '유언비어 확산'으로 인한 부정적 요소를 최소화하기 위해 사전에 준비해야 할 사항은 다음과 같다.

유언비어는 정상적인 의사소통이 제대로 작동하지 않아서 확산될 수 있다. 따라서 리더는 평시에 의사소통체계와 상호 신뢰를 구축하고 구성원의 불만이나 불안, 불신을 제거하도록 노력해야 한다. 구성원의 억압되고 내재된 욕구를 파악하여 건전한 방법으로 발산되도록 지도하고, 적절한 조치를 통해 충족시켜 주어야 한다. 새로운 전투에 투입되기 전에 기다려야 하는 대기시간, 원대 복귀를 기다리는 시간 등 시간적 여유가 있는 경우에 유언비어가 확산되므로 의미 있는 활동을 계속하게 함으로써 불필요한 유언비어의 발생을 막을 수 있다. 또한 군을 지원하는 민간인이

나 노무자에 의해 유언비어가 확산될 수 있으므로 작전보안을 준수하고 일체의 군사 활동이 외부로 유출되지 않도록 교육해야 한다.

|현장조치| 사전준비에도 불구하고 '유언비어 확산'이 전투현장에서 발생할 경우에 리더가 조치할 사항은 다음과 같다.

리더는 정보가 일방적으로 차단되면 유언비어가 확산되므로 장병에게 가능한 많은 사실과 정보를 알려주려고 노력해야 한다. 리더가 전투 상황에 대해 가능한 한 자주 설명해 줌으로써 불필요한 소문이나 유언비어 확산을 방지할 수 있다. 유언비어가 확산될 경우 즉시 근원을 찾아내 발본색원하고 진실 여부를 확인하여 공개하는 등의 조치를 해야 한다.

4) 지각 능력의 저하

지각 능력의 저하는 사물을 분별하는 신체 감각 기능과 판단력이 저하되는 현상이다. 전장에서 겪는 피로와 수면 부족, 흥분과 긴장, 산만한 주위 환경 등으로 지각 능력이 저하될 수 있다.

지각 능력 저하로 인해 발생하는 **현상**에는 소리 감소·증폭·난청, 시야 제한(터널 시야)[14], 감각 과부하, 감각 기관의 차단, 기억 상실, 인지 왜곡(일시적 마비, 해리 현상[15], 간섭적 잡념[16]), 판단력 저하 등 있다.

---

14 터널 시야는 시야가 협착되어 터널 속에서 터널 입구를 바라보는 모양으로 시야가 제한되는 현상이다.

15 해리 현상은 어떤 충격을 받았을 때 자신의 성격 일부가 분열되어 독자적으로 행동하게 되는 현상이다.

16 간섭적 잡념은 갑자기 해당 상황과 전혀 연관 없는 생각(회상)을 떠올리는 현상이다.

|**사전준비**| 리더는 전투에서 승리하기 위해 지각 능력 저하를 극복해야 한다. 리더가 '지각 능력의 저하'로 인한 부정적 요소를 최소화하기 위해 사전에 준비해야 할 사항은 다음과 같다.

심리적 불안과 공포에 대한 진정법으로 복식 호흡법 등을 사전에 교육하여 훈련과 전투 전·중·후에 활용하게 하고, 눈의 피로를 막는 법, 야간에도 볼 수 있는 법, 청각을 통한 구분법, 오감을 활용한 지각 능력 향상법을 교육해야 한다. 지각 능력 저하를 극복하는 훈련을 받은 만큼 실전에서 전투력을 발휘할 수 있다. 따라서 전장 소음이나 야간 상황에서의 실전적 교육훈련을 통해 지각 능력 저하 극복훈련을 숙달해야 한다.

|**현장조치**| 사전준비에도 불구하고 '지각 능력의 저하' 현상이 전투현장에서 발생할 경우에 리더가 조치할 사항은 다음과 같다.

리더는 현장에서 행동으로 모범을 보여 구성원이 보고 리더의 행동을 따라하도록 해야 한다. 또한 구성원의 자신감을 고취함으로써 긴장감을 상대적으로 완화될 수 있도록 해야 한다. 지각 능력을 회복할 수 있도록 적절한 휴식과 수면을 보장해 주고 작전한계점을 고려하여 적기에 부대 임무를 교대시켜 줌으로써 지속적인 임무수행 여건을 보장할 수 있다.

4) 가치 기준 하락

가치 기준 하락은 사물의 가치, 인간 중요성에 대한 보편, 윤리 기준이 낮아지는 현상이다. 생사가 교차하는 전장에서 장병은 누구나 가치 기준 하락을 경험할 수 있다. 전장에서 사람은 정상적이고 이성적인 판단과 행동보다 감정적이고 본능적으로 판단하고 행동하기 쉽다. 가치 기준 하락은 삶에 대한 강렬한 생존 욕구와 말초적인 욕망에 사로잡혀 전투력을 약화하고 단결을 저해하게 된다.

가치 기준 하락으로 인해 발생하는 **현상**에는 성폭력, 군기 이완, 민간인 학살, 약탈, 전쟁법 미준수 등이 있다.

|**사전준비**| 리더는 전투에서 승리하기 위해 가치 기준 하락을 극복해야 한다. 리더가 '가치 기준 하락'으로 인한 부정적 요소를 최소화하기 위해 사전에 준비해야 할 사항은 다음과 같다.

리더는 스스로 건전한 행동규범과 윤리의식을 지킴으로써 모범을 보이고 구성원이 개인과 부대에 자긍심을 갖도록 교육해야 한다. 또한 전쟁법, 군형법, 전쟁윤리 교육을 통해 규정과 방침을 명확히 인식시키고 민간인 피해를 금지하는 등 엄정한 군 기강을 확립해야 한다. 가치 기준 하락은 장래를 생각하지 않기 때문에 발생하므로 현재 상황과 앞으로의 계획을 알려 주어 희망을 품도록 동기를 부여함으로써 자포자기식 행동을 방지해야 한다.

|**현장조치**| 사전준비에도 불구하고 '가치 기준 하락' 현상이 전투현장에서 발생할 경우에 리더가 조치할 사항은 다음과 같다.

리더는 윤리적 언행으로 솔선수범해야 하며, 구성원이 윤리적 딜레마 상황에 처했을 때 전쟁법과 보편적인 윤리관에 의거하여 행동하도록 감독해야 한다. 특히 성폭력, 군기 이완, 약탈 등 전시 범죄로 이어지는 가치 기준이 하락한 사례 발생 시에는 숨김없이 공정하고 엄정하게 처벌해야 한다.

5) 동화(同化)의식 확산

동화의식 확산은 조직 구성원의 서로 다른 것이 닮아서 같아지는 의식이 널리 퍼지는 현상이다. 동화의식은 장병이 공통의 가치관을 갖게 하여 부대를 단결시키는 기능도 있으나, 구성원 한 명의 비겁한 행동이나 겁 먹은 행동이 쉽게 전파되어 부대 전체의 사기를 떨어뜨리고 전의를 상실하게 하며, 집단공황으로 이어질 수도 있다.

동화의식 확산으로 인해 발생하는 **현상**에는 다른 사람의 생각이나 행동을 조건 없고 비판 없이 수용하는 행위, 지쳐있고 낙담하는 구성원의 증가, 부대가 불안에 떨고 지휘가 제한되는 상황 발생 등이 있다.

|사전준비| 리더는 전투에서 승리하기 위해 동화의식 확산을 극복해야 한다. 리더가 '동화의식 확산'으로 인한 부정 요소를 최소화하고, 최대한 순기능으로 작용하게 하도록 사전 준비해야 할 사항은 다음과 같다.

리더는 동화의식 역기능을 최소화하기 위해 정확한 상황판단 능력을 함양하여 객관적이고 논리적으로 사고해야 하며, 구성원이 편견이나 선입관 등의 고정관념을 배제하고 유연한 사고를 갖도록 해야 한다. 리더는 긴장하면 모든 것이 어려워 보이고 자신감이 없어지므로 긴장을 해소하고 의식적으로 여유 있게 행동해야 한다. 또한 구성원에게 동화의식의 부정적 기능에 대해서 사례교육을 통해 위험성을 인식시키고 진실과 허구를 판별할 수 있는 비판 능력을 길러 주어야 한다.

|현장조치| 사전준비에도 불구하고 '동화의식의 확산' 현상이 전투현장에서 발생할 경우에 리더가 조치할 사항은 다음과 같다.

리더는 구성원의 사망이나 부상 등으로 발생하는 분노, 적개심 등의 동화의식이 전투력으로 승화될 수 있도록 조치해야 한다. 또한 가장 어렵고 위험한 전투현장에 위치하여 상황에 대한 적시적인 전파와 진두지휘, 솔선수범을 통해 구성원이 자신감을 가지도록 하여 공포심을 최소화해야 한다. 필요시 부정적 동화의식 확산의 원인 제공자는 강력히 제재하여 동화의식 확산을 방지해야 한다.

6) 외상후스트레스장애(PTSD)

외상후스트레스장애(Post Traumatic Stress Disorder: PTSD)는 생명을 위협할 정도의 극심한 스트레스(정신적 외상)를 경험하고 나서 심신 및 행동에 부정적 변화로 심각한 고통이나 손상이 발생하는 현상이다. 전투 중 스트레스를 비교적 잘 관리한 구성원조차도 전장을 떠난 후 사회생활에 적응하는 데 커다란 어려움을 겪고 있는 것을 볼 수 있는데, 이는 외상후스트레스장애 때문이다. 구성원은 수많은 스트레스 유발요인에 노출된다. 스트레스가 적정 수준일 때는 전투에 도움이 되겠지만 개인별 특정 임계치를 초과할 경우 전투력 발휘가 불가하며, 부대 전체에 악영향을 미칠 수 있다.

외상후스트레스장애로 인해 발생하는 **현상**에는 지속적인 재경험 증상, 트라우마와 관련된 자극을 지속적으로 회피하는 현상, 증가된 각성 증상의 지속과 반응성의 변화, 인지와 정서의 변화, 공황 발작 등이 있다.

|사전준비| 리더는 전투에서 승리하기 위해 외상후스트레스장애를 극복해야 한다. 리더가 '외상후스트레스장애'로 인한 부정적 요소를 최소

화하기 위해 사전에 준비해야 할 사항은 다음과 같다.

리더는 평시에 스트레스 면역력을 강화할 수 있도록 강도 높은 체력단련과 훈련을 시켜야 한다. 전쟁 영상 시청, 사람 모양의 목표물 사격 등 다양한 간접 전투경험과 정신적인 근력을 강화하여 전장에서 벌어지는 상황에 놀라거나 충격받지 않고 무의식적으로 반응[17]할 수 있도록 교육함으로써 스트레스를 완화할 수 있다. 개인 극복훈련으로는 전술 호흡법[18], 전신 근육을 긴장시켰다가 천천히 이완시키는 근육 이완훈련, 기지개, 호흡과 명상, 자기 이완 명상 등을 통하여 심신을 안정시켜야 한다. 또한 부상 시 응급처치를 해주고 생명을 구해준다는 강한 믿음, 온갖 어려움을 함께하는 전우애를 함양해야 한다.

|현장조치| 사전준비에도 불구하고 '외상후스트레스장애' 현상이 전투 현장에서 발생할 경우에 리더가 조치할 사항은 다음과 같다.

매(每) 전투 종료 후에는 수시 사후강평(디브리핑[19])을 시행하여 나쁜 기

---

17   무의식적 반응: 오토파일럿(Auto Pilot) 반응이라 한다. 선박 또는 항공기의 자동 조종 장치처럼 사람이 연습과 숙달을 통해 각 동작을 '근육 기억'에 저장하여 무의식적으로 반응하는 능력이다. 전장에서는 훈련받은 만큼 실전에서 발휘되기 때문에 평시에 전장 상황과 유사한 훈련을 통해 오토파일럿 반응 능력을 배양해야 한다.(『전투의 심리학』, 데이브 그로스먼, 2013.)

18   전술호흡법: 5초간 코로 들이쉬고, 5초간 숨을 멈췄다가 5초간 입으로 내뱉는 호흡 방법이다. (『전투의 심리학』, 데이브 그로스먼, 2013.)

19   외상후스트레스장애를 치유하기 위해서는 디브리핑(Debriefing)이 효과적이다. 디브리핑은 사건이 벌어진 뒤에 현장에 있던 사람들이 현실을 받아들이고 사건으로부터 교훈을 얻는 데 도움을 주는 모든 토론이다. 디브리핑의

억을 잊어버리고, 고통을 나누는 과정을 통해 외상후스트레스장애를 치유해야 한다. 이를 통해 외상후성장이 된 구성원은 감사함, 자신감, 유대감, 긍정성 등이 향상되어 임무를 완수하고 조직 발전에 다시 기여할 수 있게 된다. 전장 상황과 정보를 공유하여 불안, 공포심을 해소하고 전투 휴식을 통해 스트레스를 해소시키며 호전되지 않는 인원은 전문 인원에 의한 심리치료, 행동치료, 정신 약물치료 등 보다 전문성이 요구되는 치료를 받을 수 있도록 후송조치를 통해 격리하여 부대 전체에 악영향이 없도록 해야 한다. 또한 리더는 외상후스트레스장애를 보이는 구성원을 외상후성장[20]이 될 수 있도록 조직적으로 도와줘야 한다.

전쟁윤리와 전쟁법

군 리더는 법적이나 도덕적으로 올바르게 행동해야 한다. 리더는 높은 수준의 윤리 기준을 갖고 항상 정직한 언행을 해야 한다. 올바른 가치관

기능은 첫째, 운영상의 잘잘못을 파악하고 개선에 필요한 교훈을 얻을 수 있으며 둘째, 기억 상실, 기억 왜곡, 죄책감을 해결(나쁜 기억과 감정을 끊음)하고 사기를 진작시켜 조직을 원래 상태로 되돌려 놓을 수 있다.(『전투의 심리학』, 데이브 그로스먼, 2013.)

20 외상후성장(PTG: Post Traumatic Growth): 최근에는 단순 PTSD 연구에 머무르지 않고 과거의 트라우마를 생산적이고 발전적으로 극복하기 위한 개념으로 확장되고 있음. 즉, 더 높은 수준의 성공을 가능하게 하는 역경과 도전으로부터 야기된 긍정적인 심리적 변화이다.(Tedeschi와 Calhoun 연구), 외상후스트레스장애를 보이지 않고 오히려 내·외적으로 성장할 수 있다는 사실이 보고되고 있다.(데이브 그로스먼 연구)

에 대한 신념을 갖고 모든 구성원을 정직하게 대하여야 하며, 상급자에게 사실대로 보고해야 하고 심사숙고하여 행동해야 한다. 또한 리더는 가치관과 윤리성을 갖고 지속적이고 일관성 있는 개인적인 솔선수범을 통하여 구성원을 지도해야 한다.

전투 상황에서 윤리적 선택은 매우 어렵다. 윤리적 딜레마를 경험하게 되는 복잡한 상황에 봉착되었을 때 윤리적 리더와 비윤리적 리더가 쉽게 식별된다. 과거의 전쟁에서 민간인 잔학 행위를 많이 볼 수 있듯이 구성원에 의해 자행될 수 있는 전쟁 범죄를 방지하고 민간인을 보호하기 위해 리더는 윤리적 리더십과 도덕적 용기를 갖추어야 한다.

전시에 윤리적 문제에 봉착했을 때 올바른 결정과 행동을 하는 것은 매우 어렵다. 상관이 불법적인 명령이나 지시를 하달할 때 부하는 심각하게 어려운 상황을 겪게 된다.「군인복무기본법」제24조(명령 발령자의 의무)에 "**군인은 직무와 관계가 없거나 법규 및 상관의 직무상 명령에 반하는 사항 또는 자신의 권한 밖의 사항에 관하여 명령을 발하여서는 아니 된다.**"라고 규정하고 있다. 그러나 만일 상관이 '불법적인 명령'을 발하였을 때 부하는 어떻게 할 것인가?에 대해「군인복무기본법」제39조(의견 건의)에는 "지휘계통에 따라 단독으로 상관에게 건의할 수 있다."라고 되어있다. 또한 제39조 3항에는 "상관은 14일 이내 당사자에게 통보하여야 한다."고 명시되어 있다. 그러나 이것은 주로 평시에 적용되는 규정이다.

전투 상황은 시간이 촉박하고 혼돈 상황이기 쉽다. 이런 상황에서 상관의 명령이 합법적이고 정당한 직무상 명령인지 아닌지를 판단하는 것은 쉽지 않다. 이런 경우 군인은 비판적 사고를 바탕으로 헌법, 전쟁법, 군형법, 가치관, 경험, 과거 전투사례 및 교훈 등을 고려하여 판단해야 한다. **상관의 불법적일 수 있는 명령에 직면한 부하는 '도덕적 용기'를 발휘하여 상관에게 의견을 건의해야 한다.** 상관은 부하의 건의를 경시해서는 아니되며 부하 의견이 정당하다고 인정될 때는 이를 받아들여야 한다. **시정을 건의했으나 재차 불법·부당한 명령을 내릴 경우 이를 거부할 수 있어야 한다.** 이런 불편한 상황은 예상치 않은 시기와 장소, 방법으로 다가올 수 있다. 그러므로 군인은 늘 깨어 있어야 한다. **'충성은 군인의 미덕이나 불법·부당한 명령에 대한 복종을 포함하지 않음'을 명심해야 한다.**

군의 모든 구성원이 합법적이고 윤리적인 행동을 하는 데 있어 기준이 되는 법적인 근거는 평시와 전시에 있어 큰 차이가 있다. 평시에는 헌법과 법률이 기준이 되지만 전시에는 전쟁법이 특히 중요한 판단기준이다. 전쟁법의 주요 내용은 전장 및 점령 지역의 민간인 학살과 민간시설 파괴 금지, 인도적인 포로 대우와 함께 포로가 되었을 경우 행동요령의 준수, 강간 및 성추행 금지 등이다. 이와 관련하여 국방부는 「전쟁법 해설서」를 배부했으며, 전쟁법 준수를 위한 훈령을 하달했다. 따라서 모든 리더는 전쟁법을 정확하게 이해하고 숙지해야 하며, 구성원을 대상으로 전쟁법 교육을 강화해야 한다.

참고문헌

1. 연구논문
- Mayfield & Kopf, "동기 부여가 조직 구성원에 미치는 연구", 텍사스대학, 2007. Jewell & Reitz, "Managing", 1985.

2. 관련교범 및 서적
- 육군본부, 「리더십 자기개발서」, 2024.
- 육군본부, 「기준교범 8-0 육군 리더십」, 2021.
- 육군본부, 「기준교범 1 지상작전」, 2021.
- 육군본부, 「교육참고 8-6-9 전투스트레스 관리」, 2016.
- 교육사령부, 「리더십(기본교재)」, 2024.
- 교육사령부, 「2020년 연례 육군 리더십 수준 진단(CASAL: Center for army leadership Annual Survey of Army Leadership) 통계분석 결과」, 육군리더십센터·충남대 공동연구, 2021.
- 데이브 그로스먼, 「전투의 심리학」, 2013.
- 클라우스 슈밥, 「제4차 산업혁명」, 2016.
- 제롬 글렌, 「일자리 혁명 2030」, 2017.
- 김용섭, 「요즘 애들, 요즘 어른들」, 2018.
- 최병순·이민수, 『리프레이밍 리더십(군에서 찾은 최고의 리더십)』, 2022.

제2장

최초의 전장리더십 실증연구[21]

(2012년 KCTC[22] 훈련부대
전장리더십 평가결과를 중심으로)

제1절 서 론
제2절 전장리더십 평가체계 구축
제3절 전장리더십 평가 및 결과분석
제4절 전장리더십 평가결과와 전투결과의
       인과관계 분석
제5절 결 론

---

21   제2장은 윤여표의 박사학위 논문('전장리더십이 전투력에 미치는 영향에 관한 연구')에서 핵심내용을 중심으로 요약한 것이다.

22   KCTC는 '육군과학화전투훈련단(Korea Combat Training Center)'의 약식 명칭이다. 2002년에 창설된 KCTC는 GPS와 연동된 교전장비를 기반으로 전투 관련 데이터가 실시간 정밀 분석되어 '피만 흘리지 않을 뿐 전투의 실상을 가장 유사하게 경험'할 수 있는 육군의 최첨단 훈련 시스템이다. 우방국에 대한 무관 첩보에 의하면 2024년 현재, 전 세계적으로 14개 국가(여단급: 한국, 미국, 이스라엘 등 3개 국, 대대급: 독일, 영국, 캐나다, 스웨덴, 대만, 스위스 등 6개 국, 중대급: 노르웨이, 프랑스, 일본, 호주, UAE 등 5개 국)만이 이러한 시스템을 갖추고 있다. 비우방국의 현황은 확인이 제한된다.

요약

제1장에서 살펴본 것처럼 리더십과 전투력 인과관계 규명을 위한 다양한 시도가 있었다. 하지만 평시 개념을 걷어낸 '전장리더십'이 실제 전투결과에 어떠한 영향을 미치는지에 대한 실증연구는 없었다. 오직 전장리더십에 특화된 진단문항 연구가 없었기 때문이다. 윤여표의 박사 논문 '전장리더십이 전투력에 미치는 영향에 관한 연구'는 전장리더십 유효성에 대한 최초의 실증연구다. 박사 논문의 내용을 발췌하여 실었다. 논문에 제시된 전장리더십 진단항목은 초기 버전으로서 현재와는 다르다. 전장리더십 진단항목 발전의 변천 과정으로 이해하면 참고가 될 것이다. 아래 내용은 윤여표의 박사 논문 서문에 기술된 내용이다.

군 최초로 전장리더십을 평가할 수 있는 척도(평가요소 및 세부 평가항목)를 개발했다. 그리고 이 척도를 적용하여 전장(戰場)과 가장 유사하다고 평가받는 KCTC 훈련부대(11개 대대)를 대상으로 전장리더십 수준을 평가하고 그 의미를 분석했다. 또한 11개 대대의 전장리더십 수준을 각 대대의 전투결과(점수로 환산된 KCTC 훈련결과의 총점) 수준과 비교하여 인과관계를 규명하는 실증연구를 추진했다. 이 연구는 '① 전장리더십의 계량화 평가척도와 평가시스템을 최초로 제시한 점, ② 전장리더십 수준과 전투결과의 인과관계 분석을 통해 전장리더십의 중요성은 물론 평가척도의 유효성도 함께 입증했다는 점에서 의미를 갖는다.'

*주요 용어

육군과학화전투훈련단(KCTC), 전장리더십, 전투결과, 솔선수범, 의사소통, 팀워크, 주도성, 침착성, 사명감

제1절 서 론

"전장(戰場)에서 요구되는 리더십은 리더건 부하건 간에 자기희생을 전제로 한다. 훌륭한 리더십의 지휘관은 부하들로 하여금 자기 목숨을 희생할 것을 각오하면서도 총탄이 퍼붓는 전장으로 뛰어들도록 만든다. 그것은 결코 강요에 의해 이루어지는 게 아니다. 부하들로 하여금 지휘관의 지시에 목숨을 걸고 전장으로 뛰어들게 만드는 힘의 정체는 무엇일까? 그것은 바로 지휘관의 리더십이다."[23]

전장리더십이 왜 중요한지를 적절하게 표현한 구절이다.

전장리더십은 '전시, 전투현장에서 발휘되는 리더십'이다. 만일 전장리더십을 평시에 평가할 수 있다면 개인에게 전장리더십 평가결과를 피드백(Feedback)시켜 부족한 전장리더십 역량을 함양할 수 있다. 또한 누적된 평가결과를 기초로 전투(훈련)결과와의 인과관계를 분석함으로써 전시에 지휘관(자)에게 필요한 전장리더십 요소가 무엇인지를 도출하고, 그 결과를 교육기관 및 야전부대의 리더십 교육소요와 방법을 위한 자료로 활용할 수도 있다.

---

23 이민수·최정민 역 (에드거 F. 퍼이어 저), 「영혼을 지휘하는 리더십」, 2007.

전장리더십이 전투승리의 핵심요소임에도 불구하고, 군내에서의 리더십 연구는 평시 부대관리를 위한 리더십 위주로 진행되어 전장리더십에 대한 연구는 아직 초보단계에 머물고 있는 것이 사실이다. 전장리더십 실증 연구는 더더욱 그러하다. 이점에 주목하여 전장리더십 실증 연구를 위한 프로젝트를 설계하고 추진했다. 육군과학화전투훈련단(KCTC)과 협조하여 과학적인 전장리더십 평가체계를 구축한 후 약 7개월에 걸쳐 KCTC 훈련 11개 대대를 대상으로 전장리더십을 평가하여 그 분석결과를 도출했다.

　군에서 최초로 시도되었던 KCTC 훈련부대에 대한 과학적이고 실증적인 전장리더십 평가경과와 결과, 그리고 분석결과를 통해 의미를 알아보고자 한다.

제2절 전장리더십 평가체계 구축

전장리더십 평가요소 도출

전장리더십을 평가하기 위해서는 먼저 추상적인 개념인 전장리더십을 계량화된 척도(평가요소 및 세부 평가문항)로 재정의해야 한다. 전장리더십을 평가할 수 있는 평가요소와 세부 평가항목을 도출하기 위해 수년간의 전투(훈련) Know-How가 축적되어 있는 KCTC 대항군대대를 방문하여 분대장에서부터 대대장에 이르는 주요직위자를 대상으로 심층 인터뷰를 실시하고 야전 O사단의 혹한기 대대 전술훈련에 참관했다. **인터뷰와 훈련 참관을 통해 전장리더십의 어떤 요소가 전투(훈련)결과에 직·간접적으로 영향을 미쳤는지를 분석하고 도출했다.** 다음은 인터뷰와 훈련 관찰을 통해 확인한 '전장리더십 요소가 전투(훈련)결과에 영향을 미친 사례'들을 제시한 것이다.

전투(훈련)결과에 영향을 미친 전장리더십 요소와 그 사례

솔선수범

|사례 #1|

　대대장의 솔선수범이 전투결과에 긍정적으로 영향을 미친 사례다. A대대는 공격작전을 수행중이었는데 주공중대가 적 화력으로 중대장이 사망하고, 대대와 중대 간의 통신이 두절됐다. 대대장은 전방상황 파악을 위해 주공중대 지역으로 이동하여 선임소대장에게 중대 지휘권을 승계시키고, 예비중대를 주공중대로 전환시켰다. 이후 중대장과 함께 진두지휘하며 공격을 지휘했다. 공격 간 적이 역습을 감행하자, 전방에 위치하여 진두지휘하던 대대장은 전방상황을 정확히 파악한 상태에서 대대의 전 가용화력을 집중하고 예비중대를 투입하여 적의 역습을 격퇴했다. 대대장의 적극적인 솔선수범과 진두지휘가 전투를 승리로 이끈 것이다.

|사례 #2|

　대대장의 모범적이지 못한 행동도 관찰됐다. B대대장은 야간 방어작전 지휘 간 온도가 급강하하자 다른 간부들은 추위에 떨고 있는데도 불구하고 사전에 산 사제 가스열기구를 자신의 발밑에 놓고 혼자만 보온했다. 또한, 야간작전임에도 불구하고, 대대장은 지휘소 내부에서 지속적으로 흡연했다. 참모들도 작전 소강상태에는 지휘소 밖에서 흡연하는 모습이 관찰됐다. 야간 작전 간 대대 지휘소의 전술적행동의 기본인 등화관제가 되지 않아 지휘소의 불빛이 200m 전방에서도 식별되어 적 특작 부대의

화력유도 때문에 지휘소가 타격 되어 참모 2명이 중상을 입었다. 지휘관, 참모의 모범적이지 않은 행동이 빚어낸 결과다.

의사소통

|사례 #1|

중대장의 원활한 의사소통이 전투결과에 긍정적으로 영향을 미친 사례다. C중대는 방어작전을 수행 중이었다. 광장 면 방어작전 간 중대장이 소대와 분대의 세부 배치지역을 지정해 주었으나 소대장은 현장을 직접 확인한 후, 중대장이 최초 지정해 준 위치가 적절하지 않다고 판단하고 자신이 선정한 지역으로 소대 위치조정을 건의했다. 중대장은 소대장의 건의를 받아들여 소대 위치조정을 승인했다. 조정된 진지 전방으로 적 2개 분대가 접근하여 장애물 지역에 봉착하자 소대 화력을 집중하여 적을 모두 격멸했다. 보다 좋은 의견이 부하들에 의해 자연스럽게 개진되고, 지휘자가 기꺼이 받아들인 원활한 의사소통이 전투결과에 좋은 영향을 미쳤다.

|사례 #2|

원활하지 못한 의사소통으로 인해 전투에 부정적 영향을 미친 사례다. D중대는 방어작전을 수행 중이었다. 방어작전 실시간 중대장은 적이 인접 2소대 지역으로 집중할 것으로 판단, 적의 공격이 없는 3소대의 병력을 2소대 후방으로 전환하여 종심을 보강할 것을 지시했다. 그러나 신임 3소대장은 중대장의 지시를 명확히 이해하지 못했음에도 지시사항에 대해 다시 질문하지 않고, 아무런 조치 없이 현 위치에서 방어작전을 수행했다. 중대장은 신임소대장의 이해 여부 및 이행실태를 확인하지 않고 소대장이 당연히 이동하여 종심을 배비했을 것으로 판단한 채 작전을 지휘했다. 적은 인접 2소대 지역으로 중대(+)규모로 전투력을 집중하여 공격, 종심 배비가 없는 2소대 방어진지를 돌파하자 중대는 방어진지를 포기하고 철수했다. 상·하급자 간의 막힌 언로가 작전을 그르치게 만들었다.

팀워크

|사례 #1|

　대대의 팀워크가 구축되지 못해 작전에 부정적 영향을 미친 사례다. E대대는 방어작전 중이다. 지원과장을 제외한 참모진 전원이 보직된 지 3개월 미만으로 작전 간 참모 간의 유기적 역할분담이 이루어지지 못했다. 이로 인해 지휘소 구성시간이 지체되자 대대장이 호통을 치며 화를 냈다. 참모진들은 우왕좌왕하며 지휘소 구성을 서둘렀으나 공격개시전 30분 전에야 지휘소 구성이 완료됐다. 공격개시선 통과에만 관심이 집중되어 H20~H+20까지 계획되었던 공격준비사격을 확인하지 못해 대대에 지원된 4.2인치 박격포소대가 공격준비사격에 참가하지 못했다. 대대 지휘소 내 참모 간의 조직적이고 협동적인 행동이 수행되지 못한채, 작전과장이 참모들에게 고유역할과 무관한 기동부대의 공격개시선 통과와 진출 상황만을 파악하도록 지시함으로써, 공격작전간 필요한 실시간 적 관련 상황과 전투근무지원 상황의 파악과 조치가 약 40분간 이루어지지 못했다. 대대 지휘소의 팀워크가 제대로 구축되지 못해 초기 전투에 고전한 사례다.

|사례 #2|

중대장이 중대의 팀워크를 활성화시켜 작전에 성공한 사례다. F중대는 공격작전 간 주공중대로서 전차소대, 공병소대, 지원소대(-), FO, 4.2인치 관측병 등 다소 지휘통제 범위가 많은 지원배속부대를 할당받아 공격작전을 수행 중대장은 워 게임식 명령 하달, 예행연습을 통해 작전계획과 중대장의 의도를 명확히 전파하면서 예상되는 각종 우발상황을 상정하며 그 상황에서 전투력 운용을 지속 숙달시켰다. 이렇게 다져진 팀워크로 공격 개시 2시간 만에 중대는 성공적으로 주공의 목표를 확보했다.

주도성

|사례 #1|

대대장의 주도적인 전투지휘로 인해 작전에서 성공한 사례다. 방어작전 간 G대대장은 비록 방어작전이지만 공세적으로 작전 수행 할 것을 결심하고 전방 중대의 예비소대 전단 전방으로의 소부대공격과 예비중대 역습계획을 다양하게 발전시켰다. 방어실시간 적의 공격이 시작되자 대대장은 전방중대로 이동하여 전단 전방으로의 소부대공격을 육안관측하 지휘했다. 적이 전단돌파에 실패하고 상황이 고착되자 호기로 판단, 최초계획을 수정하여 예비중대를 산악침투로를 이용, 전단 전방의 적 예비중대 방향으로 종심깊게 측방공격을 주도했다. 수세적일 수 있는 방어작전간 공세적인 전투력 운용을 통해 전투의 주도권을 장악한 대대장은 적이 전단을 돌파하지 못하게 만들며 적을 격퇴시켰다.

|사례 #2|

 다음은 대대장의 소극적 전투지휘로 인해 전투에 실패한 사례다. H대대장은 방어작전간 주노력부대인 △중대 방향이 돌파시를 대비한 역습계획을 수립했다. 그러나 적은 예상하지 않았던 보조노력부대인 ㅇ중대 방향으로 집중돌파에 성공하여 전단을 돌파했으나, 대대장은 최초 역습계획에 고착되어 실시간 역습계획을 조정하지 못하고 사태를 관망하며 결심을 주저했다. 주노력부대인 △중대 방향의 전단도 돌파되어 양개돌파구가 형성되자 최초 역습계획인 △중대 방향으로 예비중대를 투입하여 대대역습을 시행했다. 대대장의 수동적·수세적인 지휘조치로 인해 예비대 투입시기를 상실한 채 실시한 대대 역습은 실패했으며, 양개 돌파구를 동시에 확장하며 공격하는 적은 최초 돌파한 △중대 방향으로 예비중대를 투입하여 목표를 탈취했다. 대대는 방어작전 실패하고 철수했다. 상황을 주도하지 못하고 우유부단하게 지휘한 결과였다.

침착성

|사례 #1|

 대대장이 침착하게 전술 조치를 취하지 못하고 서두르다 사망한 사례다. I대대는 공격작전간 경계지대전투에서 적의 저항이 완강하여 계획된 공격이 이루어지지 않고 대대 지휘부의 참모장교 다수가 피해를 입어 대대장이 공황에 빠졌다. 대대장은 전단을 공격하는 중대를 독려하기 위해 지휘소 이동토록 지시하고 이동준비가 되지 않은 상태에서 마음이 급해 경계대책도 없이 먼저 앞장서 산을 내려갔다. 하산 중 적 특작부대와 조우하여 대대장이 현장 사망했다.

|사례 #2|

다음은 소대장의 침착성과 대담함이 작전을 성공으로 이끈 사례다. J소대장은 야간공격 간 1개 분대를 척후조로 편성하여 적 방어지역에 접근했다. 은밀기동으로 적의 전단까지 접근하였고 적이 수하하자 소대장은 대범하게 적인 것처럼 행동하여 수하에 답하고 적을 속였다. 적의 전단을 통과한 소대장은 적 중대지휘소를 타격하여 적 중대장을 사살했다. 지휘자의 침착성이 왜 필요한지를 알려준 사례다.

사명감

|사례 #1|

중대장의 임무에 대한 투철한 사명감이 전투를 성공으로 이끈 사례다. K중대장은 산악침투식 우회공격 임무를 수령했다. 대대로부터 부여받은 침투로가 전날 내린 폭우로 물이 불고 유속이 심한 계곡으로 막혀 도섭이 제한됐다. 대대장에게 침투로 변경을 건의했으나 대대장은 이 침투로가 기습을 달성할 수 있는 최적의 침투로로 판단하여 건의를 승인하지 않았다. 중대장은 대대장이 부여한 임무를 성공적으로 수행하겠다는 각오로 위험을 감수하고, 현장에서 임시 밧줄을 급조해 3시간에 걸쳐 한 명, 한 명씩 계곡을 통과했다. 적이 감히 오지 못할 것으로 판단한 계곡을 극복하고, 측방에서 공격해 기습하여 적 2개 소대를 격멸했다. 지휘관의 임무에 대한 투철한 사명감이 전투를 성공으로 이끈 것이다.

|사례 #2|

역시 소대장의 사명감이 전투를 성공으로 이끈 사례다. L소대장은 야간 공격작전 간 적 방어지역을 침투식으로 공격하여 후방을 타격하라는 임무를 부여받았다. 소대 선두에 위치한 소대장은 임무완수를 위해서는 절대적인 기도비닉이 생명이라고 판단한 후, 전 소대원을 얼음이 녹지 않은 땅 위를 낮은 포복으로 약 2시간에 걸쳐 적이 배치된 100m 종심을 노출되지 않고 통과했다. 적 전연 종심으로 침투에 성공한 소대는 측후방으로 공격을 개시, 적 1개 소대를 격멸하는데 성공했다. 초급 지휘자의 임무에 대한 투철한 사명감은 불가능한 것처럼 보이는 임무조차 가능하게 만드는 요소임을 증명한 사례라 하겠다.

이상은 전장리더십 요소로 식별된 솔선수범, 의사소통, 팀워크, 주도성, 침착성, 사명감 등이 전투(훈련)결과에 직접적 혹은 간접적으로, 긍정적으로 혹은 부정적으로 영향을 준 사례들이다. 면담과 훈련 관찰을 통해 이 6개 요소 외에도 정직, 용기, 헌신, 존중, 충성, 의사결정, 군기유지 등 7개 요소가 전투에 영향을 준 사례를 식별할 수 있었다. 정직하지 못한 지휘관(자)의 보고는 전체 작전을 심각하게 그르칠 수 도 있다. 또한 직접전투에서 초급지휘자들의 진정한 용기는 부하들의 용기를 북돋우고 전투를 성공으로 이끄는 중요한 요소다. 그러나 객관적인 평가를 통해 지휘관(자)가 정직하게 보고했는지 아니면 정직하지 않았는지를 알 수는 없다. 온전히 본인만이 알 수 있는 영역이기 때문이다. 용기인지 만용인지 구분도 마찬가지다. 이처럼 정직, 용기 등의 7개 요소는 다분히 주관적인 판단이 개입되어 계량화 평가항목으로 전환하기가 어렵거나 관찰된 사례가 상대적으로 적어 전장리더십의 중요한 구성요소임에도 불구하고 이번 KCTC 전장리더십 평가에는 제외했다. 최종적으로 솔선수범, 의사소통, 팀 워크, 주도성, 침착성, 사명감 등 6개 요소를 전장리더십 평가요소로 선정했다.

최종 선정된 전장리더십 평가 6개 요소들이 과연 과거 전투사례에서도 식별이 되는지를 확인하기 국내·외의 관련 문헌에 대한 연구를 병행했다.「군 리더십(육군 야교 지-0)」, 6·25전쟁·베트남전쟁·대침투작전 사례의 리더십 교훈이 종합분석된「전장리더십(육군 교육참고 8-지-1)」, 美「육군리더십(야교 6-22)」, 美「작전(야교 3-0)」, 미군의 걸프전과 파나마전의 전투지휘와 전장리더십 교훈이 분석된「전장에서의 통솔과 지휘'(美 파나마작전과 걸프전 I·II·III권, 교육사)」등 관련 문헌을 정밀 분석한 결과, 도출된 6개 요소가 전사(戰史)를 통해 전투결과에 매우 직접적인 영향을 미친 사례들이 다수 있었음을 확인할 수 있었다.

이렇듯 면담 및 관찰, 문헌연구를 통해 확인한 사례를 분석한 결과 도출한 6개 전장리더십 요소의 핵심개념은 표-1과 같다.

전장리더십 요소	핵심 개념
솔선수범	지휘관(자)이 가장 중요한 위치에서 확인하고 지도하는가?
의사소통	의사소통 여건조성 및 수직·수평적 의사소통을 활성화하는가?
팀워크	각급 제대와 제기능이 유기적이며 협동적으로 운용되는가?
주도성	지휘관(자) 중심으로 임무를 수행하는가?
침착성	지휘관(자)이 자기 통제력을 유지한 상태에서 지휘하는가?
사명감	지휘관(자)이 부여된 임무를 끝까지 완수하기 위해 노력하는가?

표-1. 전장리더십 6개 요소의 핵심개념

전장리더십 요소의 세부 평가항목 결정

　전장리더십 6개 요소의 정의와 계량화 평가를 위한 요소별 세부 평가항목은 다음과 같다. 세부 평가항목은 표-1의 전장리더십 6개 요소의 핵심개념을 기초로 대항군대대 면담 및 훈련부대 관찰사항, 문헌연구 결과를 기초로 구체화했다.

솔선수범

|정의| 리더가 올바른 것을 함으로써 모범을 보이고, 특히 어렵고 위험한 일을 먼저 행하여 부하들이 따르게 하는 것

|세부 평가항목|

- 전투준비/실시간 지휘관(자)의 역할에 맞게 솔선수범하는가?
  ㉠ 지휘관(자)이 결정적 시간과 장소에 위치하여 지휘하는가?
  ㉡ 상황파악 및 지시사항 이행상태를 확인/감독하기 위해 수시로 현장 지도하는가?
  ㉢ 지휘관(자) 스스로 비전술적이거나 비전투적인 행동을 하지 않는가? (복장, 총기휴대, 위장, 금연, 기도비닉, 공격군장착용, 수하절차 준수 등)
  ㉣ 부하들이 지치고 힘든 상황에서, 어렵고 위험한 임무를 수행 할 때 먼저 행동으로 모범을 보여 부하들이 따라오게 하는가?
  ㉤ 부대원들 앞에서 상급지휘관의 지시를 무시하는 행동을 보이지 않고 긍정적으로 수명하는 자세로 부하들의 모범이 되는가?

의사소통

|정의| 가지고 있는 생각이나 뜻이 서로 통함.

|세부 평가항목|

- 계획수립, 전투준비/실시간 원활한 의사소통이 이루어지는가?
  ㉠ 가능한 계획수립단계에서부터 예하지휘관(자)과 지원/배속 부대장을 참여시키고 자유롭게 의견을 개진할 수 있도록 분위기를 만들어 주는가?
  ㉡ 지휘관(자) 의도를 명확히 주지시키는가?
  ㉢ 예하 지휘관(자)이 명령수령(문서, 구두, 유/무선, 전령 등)후 명령수신여부 및 이행경과를 적시에 보고하는가?
  ㉣ 명령하달 및 지시 후 복명복창/임무수행계획보고를 통해 자신의 의도와 작전개념에 부합되게 이해하고 실행하는지 확인하는가?
  ㉤ 참모 및 예하지휘관(자)과 상호 끊임없는 첩보교환과 소통을 통해 상황과정보를 공유하는가?
  ㉥ 무선감청을 통해 상·하, 인접부대의 실시간 상황을 파악하는가?
  ㉦ 예하 지휘관(자)이 전투실시간 발생하는 상황/조치사항을 적시에 정확하게 보고하는가?
  ㉧ 예하 지휘관(자)들이 인접부대와 적극적인 수평적 교신(측방교신)을 통해 상황을 파악하고 협조하는가?
  ㉨ 예하 지휘관(자)의 애로사항을 확인/조치하는가?
  ㉩ 다양한 의사소통 수단(구두, 유무선, 문서, FAX, C4I, 전령 등)의 정상적인 소통/가동상태를 확인하고 적극적으로 활용하는가?

팀 워크

|정의| 임무완수를 위한 팀 구성원들의 조직적이고 협동적인 행동

|세부 평가항목|

- 전투준비/실시간 지휘관(자)을 중심으로 팀워크가 극대화되어 있는가?
  ㉠ 개인과 부대의 특성을 고려하여 적절하게 임무를 부여하고, 예하 부대와 구성원간 협력적으로 행동하도록 지도하는가?
  ㉡ 전 장병이 지휘관(자)에게 지휘주목하고 인화단결되어 있는가?
  ㉢ 예행연습은 제대별로 다양한 상황을 상정, 전투실시 직전까지 지속 반복하여 팀워크를 향상시키는가?
  ㉣ 지휘소 구성원간 적절한 역할분담과 토의 및 연습(CPX, CFX, CPMX)을 통해 하나의 팀으로서 운영되는가?
  ㉤ 전투실시간 諸 기능이 긴밀히 협조되고 유기적/협동적으로 운용 되는가?

주도성

|정의| 스스로 해야 할 일을 찾아 능동적으로 수행하고 부하를 이끌어 가는 것

|세부 평가항목|

- 계획수립, 전투준비/실시간 주도적으로 임무를 수행하는가?
  ㉠ 지휘관(자) 중심의 부대지휘절차를 적용하는가?
  ㉡ 명시된 과업 外 추정된 과업 등 스스로 해야 할 일을 찾아 능동적으로 수행하는가?
  ㉢ 자신의 예하부대(지원/배속부대 포함)를 완전히 장악·통제하고 있는가?
  ㉣ 우발상황발생시 최초계획에 고착되지 않고, 지휘관의도와 임무에 기초하여 과감하고 창의적으로 조치하는가?
  ㉤ 동시다발상황에서 임무수행 우선순위를 주도적으로 결심/조치하는가?
  ㉥ 위기상황에서 지휘관(자)이 직접 전의를 고양시키는가?

침착성

|정의| 어렵거나 위급한 일을 당했을 때 서두르거나 당황함 없이 차분하고 안정된 마음으로 행동하는 성질

|세부 평가항목|

- 전투준비/실시간 침착하게 지휘하는가?
  - ㉠ 전투지휘간 자기 통제력을 잃고 화내며 욕설을 하지 않는가?
  - ㉡ 긴박하고 위태로운 상황에서 허둥대지 않고 냉정하고 침착하게 행동하는가?

사명감

|정의| 주어진 임무를 제대로 수행하려는 기개나 책임감

|세부 평가항목|

- 사명감을 가지고 부여된 임무를 끝까지 완수하려고 하는가?
  - ㉠ 임무완수를 위해 사명감을 가지고 각종 우발계획 등 치밀하게 계획을 수립하고, 철저하게 준비하는가?
  - ㉡ 직면한 어려운 상황(부상, 애로지역/악기상, 전투력 저하 등)에서 위험을 감수하고 포기함 없이 끝까지 임무를 완수하려고 하는가?

제3절 전장리더십 평가 및 결과분석

전장리더십 평가경과

1) 평가기간

KCTC 훈련부대를 대상으로 한 전장리더십 평가는 2012년 5월 7일부터 11월 1일까지 약 7개월간 진행됐다.

2) 대상부대 및 인원

2012년 KCTC 훈련 15개 대대 중 전장리더십 평가 적용 이전 훈련을 완료한 3개 대대 등을 제외한 11개 대대를 평가대상으로 했다. 대상부대의 모든 대대장(11명), 중대장(44명), 소대장(99명), 지원배속부대장(121명) 등 275명을 평가대상으로 했다.

3) 평가국면

전장리더십 평가는 부대이동 및 집결지 행동단계를 제외하고 방어 계획/준비, 방어 실시, 공격 계획/준비, 공격 실시 등 4개 국면을 대상으로 했다.

4) 평가점검표 보완

전장리더십에 대한 평가를 위해 기존 KCTC 평가점검표를 보완했다. 기존 KCTC 점검표는 '전장리더십' 요소의 일부 항목이 포함되어 있긴

하지만 대부분은 '전투지휘' 위주로 구성되어 있었다. 기존 KCTC 평가점검표에 '전장리더십 6개 요소의 세부 평가항목'을 대폭 포함함으로써 '전투지휘와 전장리더십'이 동시에 체계적으로 평가될 수 있도록 했다. 앞에서 이미 설명한 솔선수범 5개, 의사소통 10개, 팀워크 5개, 주도성 6개, 침착성 2개, 사명감 2개 등 30개 세부 평가항목을 KCTC 평가점검표의 4개 국면(방어 계획/준비, 방어 실시, 공격 계획/준비, 공격 실시) 곳곳에 삽입하여 완성했다. 다만, 평가요소는 직책별로 달리했다. 대대장은 솔선수범, 의사소통, 팀워크, 주도성, 침착성 등 5개 요소를 평가했으며, 중·소대장, 지원배속부대장은 사명감을 추가하여 6개 요소를 평가했다. 대대장의 직책에 도달하였을 때는 이미 사명감은 구비한 것으로 전제했기 때문이다.

5) 평가관

전장리더십 평가는 '전투지휘' 평가를 위해 기(旣) 편성된 KCTC 전문평가관을 활용했다. 기존 평가점검표에 '전장리더십' 요소를 추가하여 보완된 평가점검표를 기준으로 기존에 평가하던 방식대로 관찰하고 평가하도록 했다. 전장리더십 요소의 평가를 원활하게 하기 위해 육군리더십센터에서 KCTC 전문평가관들을 대상으로 전장리더십 요소별 기본개념과 세부항목의 의미와 평가방법에 대해 2회에 거쳐 교육했다.

6) 평가절차 및 방법

평가절차는 다음과 같다. 예를 들어, 야간 방어작전간 적 공격에 의해 전방중대지역이 돌파직전의 위급한 상황에서 대대장은 변화한 전투상황에 맞춰 작전실시간 전투지휘활동(상황판단-결심-대응)을 진행 중이다. 이 상황에서 평가 가능한 전장리더십 요소는 의사소통, 팀워크, 주도성 등이 될 수 있다.

먼저, '의사소통' 측면에서는 세부평가항목에서 제시된 것처럼 '참모 및 예하 지휘관(자)과 상호 끊임없는 첩보교환과 소통을 통해 상황과 정보를 공유하는가?', '무선감청을 통해 상·하, 인접부대의 실시간 상황을 파악하는가?' 등을 평가한다. 다음, '팀워크' 측면에서는 '전투실시간 제 기능이 긴밀히 협조되고 유기적/협동적으로 운용되는가?' 등의 평가항목을 평가한다. 마지막, '주도성' 측면에서는 '지휘관(자) 중심의 부대지휘 절차를 적용하는가?', '우발상황 발생시 최초계획에 고착되지 않고, 지휘관의도와 임무에 기초하여 과감하고 창의적으로 조치하는가?' 등의 평가항목이 충족되었는지를 관찰하여 평가했다.

구체적인 평가방법은 다음과 같다. 평가관이 평가점검표의 전장리더십 세부항목별로 관찰한 후, 훈련부대 주요직위자가 해당 항목을 달성하면 평가점검표에 ○(충족) 표시를, 달성하지 못했으면 ×(미충족) 표시를 하여 기록하는 정량적(定量的) 평가를 주(主)로 했다. 만일 A중대장의 '의사소통' 수준(산술적 평균)이 61%라고 평가됐다면, 4개 국면의 총 36개 '의사소통' 세부 평가항목 중 22개 항목을 충족(○)했다고 평가됐다는 것이다. 평가요소별 가중치를 부여하지 않고, 산술적인 평균값을 적용했다. 이러한 정량적 평가에 병행하여 전장리더십이 발휘된 특기(特記)할만한 주요사례는 기록하여 사후검토(AAR)에 반영하는 정성적(定性的) 평가도 병행했다.

전장리더십 평가결과

평가결과는 크게 두 가지로 구분하여 정리했다. 그중 한 가지는 전장리더십 6개 요소별(솔선수범~사명감)로 평균을 도출한 것이다. 6개 요소별 해당부대의 대대장, 중·소대장, 지원배속부대장의 점수를 합해 평균을 도출했다. 두 번째로는 직책별(대대장~지원배속부대장) 평균을 도출했다. 부대에 따라 직책별로 6개 요소의 점수를 합해 평균을 도출했다.

전장리더십 요소별 평균

표에서 제시된 A, B, C부대 등은 KCTC 훈련 진행한 순서와 무관하다.

구분	평균(%)			솔선수범			의사소통			팀워크			주도성			침착성			사명감		
	평균	방어	공격	평균	방어	공격	평균	방어	공격	평균	방어	공격	평균	방어	공격	평균	방어	공격	평균	방어	공격
평균(%)	약63	63.0	62.1	74.6	75.9	73.3	62.9	65.6	60.1	57.6	59.4	55.7	55.1	57.0	53.1	69.6	69.4	69.8	55.6	50.7	60.5
A대대	64.8	62.3	67.2	72.7	72.0	73.5	64.5	61.5	67.5	65.5	63.2	67.7	57.1	52.5	61.7	75.3	76.0	74.7	53.6	49.0	58.3
B대대	57.1	61.9	52.2	76.1	82.7	69.5	55.8	64.2	47.5	46.1	52.0	40.2	54.3	62.2	46.5	61.5	68.2	54.7	48.6	42.3	55.0
C대대	62.1	60.2	63.9	71.7	73.2	70.2	62.6	62.5	62.7	57.1	60.2	54.0	54.1	57.7	50.2	72.7	67.0	78.5	54.3	40.6	68.0
D대대	65.9	69.5	62.4	80.1	84.2	76.0	66.0	69.7	62.2	64.8	65.5	64.2	54.3	59.2	49.5	76.8	83.7	70.0	53.6	54.6	52.6
E대대	61.3	64.4	58.1	71.0	78.2	63.7	61.7	64.0	59.5	60.1	68.5	51.7	55.0	61.0	49.0	71.1	72.7	69.5	48.8	42.3	55.3
F대대	65.8	61.7	70.0	69.8	64.2	75.5	71.3	65.0	77.7	65.7	67.2	64.2	51.3	53.7	49.0	66.5	49.7	83.2	70.3	70.3	70.3
G대대	61.2	57.1	65.3	66.6	61.0	72.2	62.2	63.5	61.0	62.2	54.5	70.0	51.1	55.2	47.0	67.1	60.0	74.2	58.0	48.6	67.3
H대대	64.2	64.5	63.9	80.8	78.5	83.2	59.8	65.7	54.0	52.0	49.7	54.2	55.7	60.5	51.0	73.2	69.2	77.2	63.6	63.6	63.6

I대대	56.0	57.8	54.1	74.6	79.5	69.7	55.1	58.5	51.7	50.3	51.0	49.7	52.5	57.2	47.7	57.0	57.5	46.1	44.0	48.3
J대대	62.6	59.6	65.6	80.2	74.5	86.0	60.1	63.5	56.7	46.8	48.7	45.0	50.6	37.5	63.7	77.5	78.0	77.0	60.6	55.6	65.6
K대대	67.2	74.0	60.4	77.1	86.7	67.5	72.7	84.2	61.2	62.8	73.5	52.2	70.1	71.0	69.2	67.0	82.5	51.5	53.6	46.3	61.0

표-2. 요소별 평균

전장리더십 직책별 평균

구분	평균(%)			대대장			중대장			소대장			지원배속		
	평균	방어	공격	평균	방어	공격	평균	방어	공격	평균	방어	공격	평균	방어	공격
평균(%)	약 63	64.1	62.3	70.8	77.2	64.5	64.9	66.5	63.3	53.7	49.5	57.8	63.4	63.3	63.5
A대대	66.1	64.1	68.1	85.7	91.2	80.2	69.7	70.1	69.3	46.2	34.0	58.5	62.9	61.1	64.6
B대대	57.3	63.2	51.4	54.0	73.0	35.0	66.3	72.0	60.6	52.8	55.3	50.3	56.1	52.6	59.6
C대대	63.3	62.3	64.3	83.9	91.2	76.6	56.2	54.1	58.3	46.9	41.1	52.6	66.2	62.8	69.6
D대대	66.9	70.8	63.1	77.8	86.2	69.4	61.8	62.6	61.0	65.6	68.1	63.1	62.6	66.3	59.0
E대대	62.4	66.2	58.5	75.0	84.8	65.2	62.8	63.1	62.5	48.7	50.0	47.5	63.0	67.0	59.0
F대대	65.2	60.5	69.9	55.4	43.0	67.8	80.4	82.0	78.8	58.8	53.6	64.0	66.3	63.6	69.0
G대대	61.5	57.7	65.4	66.7	62.2	71.2	58.0	58.5	57.6	54.5	45.0	64.0	67.0	65.1	69.0
H대대	64.1	64.4	63.7	60.6	61.2	60.0	71.6	79.8	63.5	63.8	57.0	70.6	60.3	59.8	60.8
I대대	57.1	60.0	54.1	72.7	96.4	49.0	48.0	41.0	55.0	46.7	38.3	55.1	61.0	64.5	57.5
J대대	63.1	60.1	66.0	71.1	67.2	75.0	68.0	67.3	68.8	51.0	44.6	57.5	62.1	61.3	63.0
K대대	68.2	76.0	60.4	76.7	93.2	60.2	71.0	80.8	61.3	55.2	57.8	52.6	69.8	72.1	67.5

표-3. 직책별 평균

평가결과 분석

　이번 평가를 통해 확인한 가장 큰 성과는 무엇보다 전장리더십을 평가하기 위한 6개 요소의 30개 세부 평가항목에 의해 전장리더십을 실제로 평가할 수 있었다는 것을 확인한 것이다. 평가를 통해 개인 및 부대별 전장리더십 수준의 차이가 식별됐다.

　평가 결과를 보면 대대급 이하 주요직위자의 전장리더십 수준은 전체적으로 낮았음(평균 63%)을 알 수 있다. 육군 전체의 전장리더십 수준이 낮다는 것은 전쟁 승리와도 직결되는 사안으로서 매우 중요한 의미를 내포하고 있다고 판단된다. 평가결과를 살펴보면 부대 간, 개인 간에 전장리더십 수준 차이가 많음을 확인할 수 있었다. 부대별, 개인별 수준의 차이를 해소하여 육군 전체의 전장리더십 수준을 제고시키기 위해 지속적인 노력이 필요함을 의미한다고 하겠다.

　직책별 전장리더십 수준은 표-4에서 보는 것과 같이 대대장(70.8%) - 중대장(64.9%) - 지원배속부대장(63.4%) - 소대장(53.7%) 순으로 확인됐다. 군 경험을 통해 전장리더십 수준이 향상될 것이라고 생각했던 상식이 평가를 통해 실제로 확인된 것이다. 이는 아무런 조치가 없어도 군 생활에 비례하여 전장리더십 수준은 향상되겠지만 소대장·지원배속부대장 등 초급 지휘자들의 전장리더십 수준을 짧은 시간 내에 효율적으로 향상시키기 위한 노력과 대책이 필요함을 의미하기도 한다.

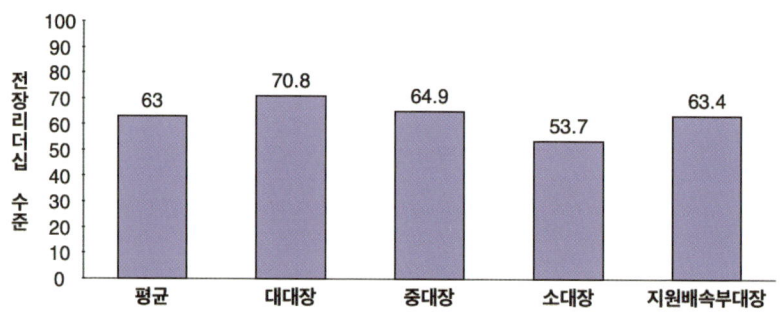

표-4. 직책별 수준

대대급 이하 주요직위자의 부족한 전장리더십 요소는 표-5에서 보는 것과 같이 주도성(55.1%) - 사명감(55.6%) - 팀워크(57.6%) - 침착성(69.6%) - 솔선수범(74.6%) 순이었다. 전장리더십 6개 요소 모두가 낮은 수준이지만 주도성과 사명감, 팀워크는 상대적으로 더 낮았다. 특히 전장에서의 주도권이 성패를 좌우함을 고려할 때 주요직위자들의 주도성이 부족하다는 것은 매우 의미심장하다. 주요직위자들의 전장리더십, 특히 주도성 제고를 위한 특단의 대책 마련이 필요하다고 판단된다.

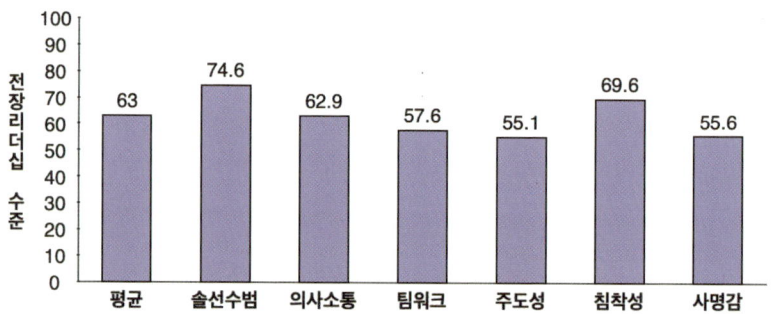

표-5. 전장리더십 요소별 수준

표-6에서 보는 것과 같이 방어시 전장리더십 수준이 공격시보다 높았다. 방어작전시 전장리더십 수준이 주도권을 가진 공격작전시의 전장리더십 수준보다 높게 평가되었는데 향후 왜 이런 결과가 발생했는지, 원인 규명을 위한 추가연구가 필요하다고 여겨진다.

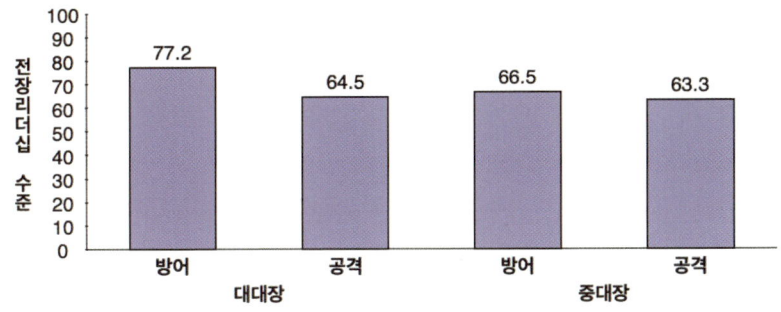

표-6. 작전 유형별 수준

이상의 평가결과를 통해 KCTC 훈련에 참가한 부대를 표본으로, 현 육군의 대대급 이하 주요직위자의 전장리더십 수준을 가늠할 수 있었다. 이는 향후 리더십 분야의 보완 및 교육소요로 식별하는데 기초자료로서 의미가 크다.

제4절 전장리더십 평가결과와 전투결과의 인과관계 분석

분석 모형

전장리더십 평가결과와 전투결과의 인과관계를 규명하기 위한 분석 모형은 그림-1과 같다.

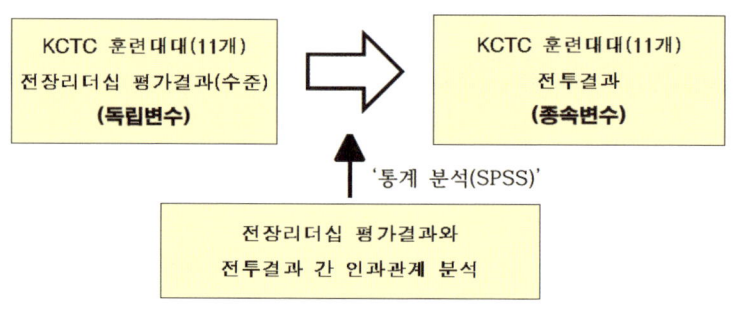

그림-1. 분석 모형

독립 변수

인과관계 분석에 사용된 독립변수는 '전장리더십 평가결과(수준)'이다. 세부적인 요소로서는 ① 부대별 전장리더십 전체 수준, ② 직책별 전장리더십 수준, ③ 대대장 전장리더십 수준, ④ 중대장 전장리더십 수준, ⑤ 소대장 전장리더십 수준, ⑥ 전장리더십 요소별 수준, ⑦ 작전유형별 전장리더십 수준, ⑧ 방어시, 직책별 전장리더십 수준, ⑨ 공격시, 직책별 전장리더십 수준, ⑩ 방어시, 전장리더십 요소별 수준, ⑪ 공격시, 전장리더십 요소별 수준 등으로 선정했다.

종속 변수

인과관계 분석에 사용된 종속변수는 '전투결과'이다. 이는 KCTC에서 자체 시스템에 의해 계량화한 수치로서 방어 42.2%, 공격 42.2%, 간부능력 2.2%, 전장군기 2.2%, 통합전투지휘평가 11.2%를 합산한 것이다. 이러한 결과는 실제전투의 결과와 같을 수 없고, 실제 전투양상을 100% 반영하여 나온 결과도 아니어서 '실제 전투결과'라고 정의하기에 다소 무리가 있으나, 현실적으로 택할 수 있는 최선의 대안이라고 여겨진다. 세부적인 전투결과는 표-7, 그림-2에서 보는 바와 같다. 표-7, 그림-2에서 제시된 A, B, C대대 등은 KCTC 훈련을 진행한 순서와는 무관하다.

구분	전투결과 (평균, %)	전장리더십 수준				
		평 균(%)	대대장	중대장	소대장	지원배속
A대대	80.92 ③	64.8 ④	85.7 ①	69.7 ④	46.2 ⑪	62.9 ⑥
B대대	78.89 ⑩	57.1 ⑩	54.0 ⑪	66.3 ⑥	52.8 ⑥	56.1 ⑪
C대대	80.67 ⑥	62.1 ⑦	83.9 ②	56.2 ⑩	46.9 ⑨	66.2 ④
D대대	80.95 ②	65.9 ②	77.8 ③	61.8 ⑧	65.6 ①	62.6 ⑦

E대대	79.43	⑧	61.3	⑧	75.0	⑤	62.8	⑦	48.7	⑧	63.0	⑤
F대대	80.91	④	65.8	③	55.4	⑩	80.4	①	58.8	③	66.3	③
G대대	79.42	⑨	61.2	⑨	66.7	⑧	58.0	⑨	54.5	⑤	67.0	②
H대대	80.89	⑤	64.2	⑤	60.6	⑨	71.6	②	63.8	②	60.3	⑩
I대대	78.04	⑪	56.0	⑪	72.7	⑥	48.0	⑪	46.8	⑩	61.0	⑨
J대대	80.55	⑦	62.6	⑥	71.1	⑦	68.0	⑤	51.0	⑦	62.1	⑧
K대대	81.14	①	67.2	①	76.7	④	71.0	③	55.2	④	69.8	①

표-7. KCTC 훈련부대별 전투결과와 전장리더십 수준

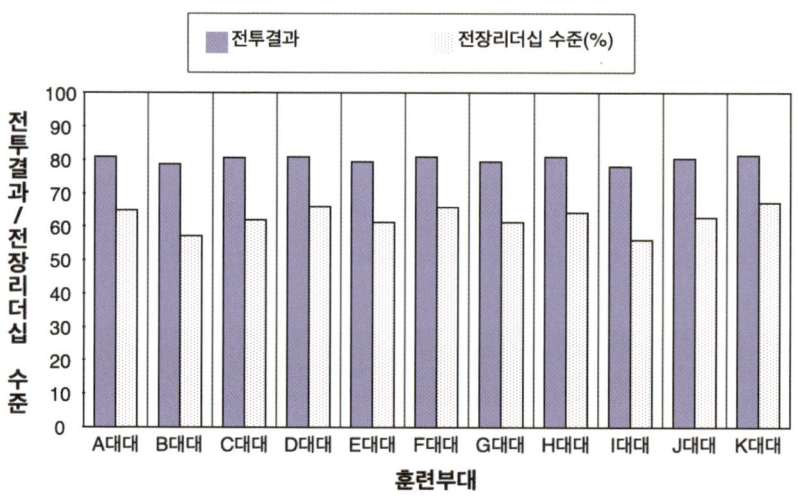

그림-2. KCTC 훈련부대별 전투결과와 전장리더십 수준

통계분석 프로그램

인과관계 분석은 SPSS(Statistical Package for Social Science) 20 버전을 사용했다.

요인 분석

요인분석은 6가지 전장리더십 요소별로 실시했다. 요인추출의 방법은 '주성분분석'으로 했으며, 요인의 회전은 '베리멕스(Varimax) 회전법'을 사용했다. 요인선정기준은 초기고유값(Eigen-value)이 1 이상인 요인을 요인으로 선정했으며, 요인적재량은 0.4 이상인 평가항목을 기준으로 했다.[24] 각 전장리더십 평가요소는 방어 계획/준비, 방어 실시, 공격 계획/준비, 공격 실시 등 4개 국면에 걸쳐 총 4회 평가했다. 요인분석은 4회 결과 중 '공격 계획/준비 단계'의 평가결과를 대상으로 실시했다.

솔선수범

솔선수범을 평가하는 항목은 5개다. 요인분석 결과는 표-8과 같다.

---

24 송지준, 「논문작성에 필요한 SPSS/AMOS 통계분석방법」, 21세기사, 2013.

성분	초기고유값			추출제곱합적재값			회전제곱합적재값		
	합계	%분산	%누적	합계	%분산	%누적	합계	%분산	%누적
1	1.300	25.993	25.993	1.300	25.993	25.993	1.285	25.693	25.693
2	1.103	22.055	48.048	1.103	22.055	48.048	1.105	22.095	47.788
3	1.006	20.111	68.159	1.006	20.111	68.159	1.019	20.371	68.159

	성분		
	1	2	3
공솔5	.802	-.061	.129
공솔31	.795	.093	-.107
공솔21	.083	.758	-.176
공솔41	-.053	.719	.223
공솔11	.024	.028	.954

표-8. '솔선수범'에 대한 요인분석 결과

표-8에서 보는 바와 같이 솔선수범을 평가하는 5개 평가항목은 3개 요인으로 나타났다. 3개 요인은 초기고유값이 1 이상이며 각 요인의 누적 %는 68.159이었다.

의사소통

의사소통을 평가하는 항목은 10개다. 요인분석 결과는 표-9과 같다.

성분	초기고유값			추출제곱합적재값			회전제곱합적재값		
	합계	%분산	%누적	합계	%분산	%누적	합계	%분산	%누적
1	2.802	28.024	28.024	2.802	28.024	28.024	2.509	25.088	25.088
2	1.668	16.678	44.702	1.668	16.678	44.702	1.953	19.529	44.617
3	1.250	12.498	57.200	1.250	12.498	57.200	1.258	12.583	57.200

	성분		
	1	2	3
공의21	.839	.110	-.212
공의91	.797	.086	.012
공의31	.635	-.530	.169
공의51	.546	.493	.037
공의61	.458	.218	.045
공의101	-.007	.762	-.020
공의71	.142	.680	-.081
공의41	.324	.557	.194
공의81	.241	.064	.836
공의11	.277	.069	-.662

표-9. '의사소통'에 대한 요인분석 결과

표-9에서 보는 바와 같이 의사소통을 평가하는 10개 평가항목은 3개 요인으로 나타났다. 3개 요인은 초기고유값이 1 이상이며 각 요인의 누적 %는 57.2이었다.

팀 워크

팀워크를 평가하는 항목은 5개다. 요인분석 결과는 표-10과 같다.

성분	초기고유값			추출제곱합적재값			회전제곱합적재값		
	합계	%분산	%누적	합계	%분산	%누적	합계	%분산	%누적
1	1.852	37.044	37.044	1.852	37.044	37.044	1.814	36.284	36.284
2	1.644	32.888	69.931	1.644	32.888	69.931	1.682	33.647	69.931

	성분	
	1	2
공팀11	.905	.259
공팀41	.881	-.410
공팀31	-.080	.855
공팀51	.460	.625
공팀21	.021	-.571

표-10. '팀워크'에 대한 요인분석 결과

표-10에서 보는 바와 같이 솔선수범을 평가하는 5개 평가항목은 2개 요인으로 나타났다. 2개 요인은 초기고유값이 1 이상이며 각 요인의 누적 %는 69.931이었다.

주도성

주도성을 평가하는 항목은 6개다. 요인분석 결과는 표-11과 같다.

성분	초기고유값			추출제곱합적재값			회전제곱합적재값		
	합계	%분산	%누적	합계	%분산	%누적	합계	%분산	%누적
1	1.572	26.201	26.201	1.572	26.201	26.201	1.519	25.325	25.325
2	1.202	20.032	46.232	1.202	20.032	46.232	1.197	19.947	45.272
3	1.062	17.696	63.928	1.062	17.696	63.928	1.119	18.656	63.928

	성분		
	1	2	3
공주61	.882	-.104	.147
공주21	.728	.196	-.142
공주11	.132	-.814	-.032
공주31	.335	.654	.074
공주41	.201	-.100	.820
공주51	-.202	.218	.631

표-11. '주도성'에 대한 요인분석 결과

표-11에서 보는 바와 같이 주도성을 평가하는 6개 평가항목은 3개 요인으로 나타났다. 3개 요인은 초기고유값이 1 이상이며 각 요인의 누적 %는 63.928이었다.

침착성

침착성을 평가하는 항목은 2개다. 요인분석 결과는 표-12과 같다.

성분	초기고유값			추출제곱합적재값		
	합계	%분산	%누적	합계	%분산	%누적
1	1.098	54.885	54.885	1.098	54.885	54.885

	성분
	1
공침21	.741
공침11	.741

표-12. '침착성'에 대한 요인분석 결과

표-12에서 보는 바와 같이 침착성을 평가하는 2개 평가항목은 1개 요인으로 나타났다. 초기고유값이 1.098이며 누적 %는 54.885이었다.

사명감

사명감을 평가하는 항목은 2개다. 요인분석 결과는 표-13과 같다.

성분	초기고유값			추출제곱합적재값		
	합계	%분산	%누적	합계	%분산	%누적
1	1.055	52.745	52.745	1.055	52.745	52.745

	성분
	1
공사11	-.726
공사21	.726

표-13. '사명감'에 대한 요인분석 결과

표-13에서 보는 바와 같이 사명감을 평가하는 2개 평가항목은 1개 요인으로 나타났다. 초기고유값이 1.055이며 누적 %는 52.745이었다.

신뢰도 분석

신뢰도 분석은 측정하는 개념이 설문 응답자로부터 정확하고 일관되게 측정되었는지를 확인하는 것이며 Cronbach a 값을 해석하는 기준은 일반적으로 사회과학분야에서는 0.6 이상이다.[25] 신뢰도 분석은 6가지 전장리더십 요소별로 실시했으며 4개 국면 중에서 '방어 계획/준비 단계'의 평가결과를 대상으로 실시했다. 각 전장리더십 요소별 신뢰도 분석 결과는 표-14에 나타나 있다.

전장리더십 요소	평균	분산	표준편차	항목수	Cronbach a
솔선수범	3.17	1.416	1.19	5	0.425
의사소통	6.77	5.381	2.32	10	0.681
팀워크	3.87	1.838	1.356	5	0.661
주도성	3.19	2.283	1.511	6	0.416
침착성	1.32	0.508	0.713	2	0.237
사명감	1.01	0.643	0.802	2	0.446

표-14. 전장리더십 요소의 신뢰도

---

25 상게서, p.106

표-14에서 확인할 수 있는 것처럼 Cronbach a 값이 0.6 이상인 전장리더십 요소는 의사소통(0.681), 팀워크(0.661)뿐이다. 0.6 이하로 나타난 솔선수범, 주도성, 침착성, 사명감은 평가가 정확하지 않았고 일관되게 평가되지 않았다는 의미인가? 11개 대대의 동일 직책을 평가한 평가관들은 육군이 자랑하는 KCTC 전문평가관들로서 전문적인 소양을 받았을 뿐만 아니라 엄격하고 공정하게 평가하기로 유명하다. Cronbach a 값을 근거로 그들이 사적 편견을 갖고 일관성 없이 부정확하게 평가했다고 한다면 그것은 육군의 교육 및 평가시스템을 근본적으로 부정하는 것이 된다. Cronbach a 값이 낮게 나왔다 해서 신뢰도를 의심할 수는 없다고 판단된다. 다만 Cronbach a 값이 낮게 나온 이유를 두 가지 측면에서 추정해 보았다. 먼저 통상의 통계분석 자료는 설문 응답인 것에 비해 이번 KCTC 전장리더십 평가는 관찰평가라는 점에서 다르다. 또한 통상의 통계분석 자료는 등간척도인 리커트 척도(예를 들어 1~5)로 평가한 것인데 반해 이번 KCTC 전장리더십 평가는 전문평가관이 평가점검표의 전장리더십 세부항목별로 관찰한 후, 훈련부대 주요직위자가 해당 항목을 달성하면 평가점검표에 ○(충족) 표시를, 달성하지 못했으면 ×(미충족) 표시한 명목척도이기 때문에 Cronbach a 값이 예상보다 낮게 나온 것으로 판단된다.

가설 검증

상관관계분석 결과는 본 논문에 포함하지 않았다. 상관관계 분석을 기초로 한 회귀분석을 통해 가설을 검증하는 작업이 바로 이어서 제시되기 때문이다. 가설 검증에 있어 표본수가 11개에 불과하기 때문에 반드시 잔차에 대한 정규성, 등분산성, 독립성 등 3가지 기본가정을 만족해야 한다.[26] 본 논문에는 지면관계로 게재하지 않았으나 통계처리 결과, 11개 가설 모두 3가지 기본가정을 만족했음을 밝힌다.

가설 #1: 전장리더십 수준이 높으면 전투(훈련)결과가 좋다.

11개 대대의 전장리더십 수준을 독립변수, 11개 대대의 전투결과를 종속변수로 하는 단순회귀분석 결과가 표-15에 나타나 있다.

구분	분산분석		계 수		R^2
	F	유의확률(p)	B	유의확률(p)	
상수	71.391	0.000	63.036	0.000	0.888
x (전장리더십 수준)			0.274	0.000	

표-15. 가설 #1에 대한 단순회귀분석 통계결과

표-15에서 보는 바와 같이 p<0.05 이므로, 회귀식은 통계적으로 의미있다. 또한 전장리더십 수준은 전투결과와 양(+)의 상관관계(회귀계수: 0.274)를 갖으며 회귀식은 y = 63.036 + 0.274 x이다. 회귀식의 설명력은 88.8% 수준(기준: 60%)으로 매우 높다. 결론적으로 전장리더십 수준이 높으면 전투결과가 좋다는 가설은 채택됐다.

가설 #2: 직책별(대대장, 중대장, 소대장, 지원배속부대장) 전장리더십 수준은 전투(훈련)결과에 서로 다른 영향을 미친다.

---

26 윤원영, 「SPSS Statistics 기초통계분석」, SPSS 코리아, 2013.

11개 대대 주요직책별 전장리더십 수준을 독립변수, 11개 대대의 전투결과를 종속변수로 하는 다중회귀분석 결과가 표-16에 나타나 있다. VIF 값이 10보다 작기 때문에 다중공선성은 없는 것으로 확인됐다.

구분	분산분석		계수			수정된 R^2	VIF
	F	유의확률 (p1)	B	β	유의확률 (p2)		
상 수			64.333		0.000		
x_1(대대장 전장리더십)			0.066	0.674	0.008		1.683
x_2(중대장 전장리더십)	12.892	0.004	0.087	0.737	0.003	0.826	1.417
x_3(소대장 전장리더십)			0.064	0.415	0.037		1.380
x_4(지원배속 전장리더십)			0.033	0.119	0.459		1.304

표-16. 가설 #2에 대한 다중회귀분석 통계결과

표-16에서 보는 바와 같이 p1<0.05 이므로 회귀식은 통계적으로 의미 있다. 대대장, 중대장, 소대장의 전장리더십 수준은 전투결과와 양(+)의 상관관계(회귀계수: 각 0.066 / 0.087 / 0.064)를 갖는다. 지원배속부대장의 전장리더십 수준은 전투결과에 영향을 주지 않았다.(p2>0.05) 회귀식은 $y = 64.333 + 0.066\ x_1 + 0.087\ x_2 + 0.064\ x_3$이며 회귀식의 설명력은 82.6% 수준으로 매우 높다. 결론적으로 직책별 전장리더십 수준은 전투결과에 서로 다른 영향을 미칠 것이라는 가설은 채택됐다. 전투에서 승리하기 위해서는 주요직위자(대대장, 중대장, 소대장)의 전장리더십이 중요하며, 전투결과에 영향을 미치는 직위의 우선순위는 중대장(표준

화 회귀계수 베타: 0.737), 대대장(표준화 회귀계수 베타: 0.674), 소대장(표준화 회귀계수 베타: 0.415) 순이었으며, 지원배속부대장의 전장리더십 발휘는 전투결과에 직접적으로 영향을 미치지 않았다.

가설 #3: 대대장의 전장리더십 전(全) 요소(솔선수범, 의사소통, 팀워크, 주도성, 침착성)는 전투(훈련)결과에 영향을 미친다.

11개 대대 대대장의 전장리더십 전 요소를 독립변수, 11개 대대의 전투결과를 종속변수로 하는 단순회귀분석 결과, 모두 p>0.05 으로서 회귀식은 통계적으로 의미 없음이 확인됐다. 대대장의 전장리더십 전 요소(솔선수범, 의사소통, 팀워크, 주도성, 침착성)는 전투결과에 영향을 미칠 것이라는 가설은 기각됐다. 즉, 대대장의 전장리더십 수준은 전투결과에 긍정적인 영향을 미치는 것으로 확인되었으나(가설 #2), 대대장의 전장리더십 각 요소들은 전투결과에 직접적인 영향을 미치지 않았다.

가설 #4: 중대장의 전장리더십 전(全) 요소(솔선수범, 의사소통, 팀워크, 주도성, 침착성, 사명감)는 전투(훈련)결과에 영향을 미친다.

11개 대대 중대장의 전장리더십 전 요소를 독립변수, 11개 대대의 전투결과를 종속변수로 하는 단순회귀분석 결과가 표-17, 표-18에 나타나 있다.

구분	분산분석		계수		R²
	F	유의확률(p)	B	유의확률(p)	
상 수	5.715	0.041	76.744	0.000	0.388
x (중대장 팀워크)	5.715	0.041	0.058	0.041	0.388

표-17. 가설 #4에 대한 단순회귀분석 통계결과(중대장의 '팀워크'와 전투결과)

표-17에서 보는 바와 같이 p<0.05 이므로, 회귀식은 통계적으로 의미 있다. 중대장이 달성한 팀워크 수준은 전투결과와 양(+)의 상관관계(회귀계수: 0.058)를 갖는다. 회귀식은 y = 76.744 + 0.058 x다. 이 회귀식의 설명력은 38.8% 수준이다.

구분	분산분석		계수		R²
	F	유의확률(p)	B	유의확률(p)	
상 수	8.403	0.018	75.170	0.000	0.483
x (중대장 주도성)	8.403	0.018	0.082	0.018	0.483

표-18. 가설 #4에 대한 단순회귀분석 통계결과(중대장의 '주도성'과 전투결과)

표-18에서 보는 바와 같이 p<0.05 이므로, 회귀식은 통계적으로 의미 있다. 중대장의 주도적인 지휘(주도성)는 전투결과와 양(+)의 상관관계(회귀계수: 0.082)를 갖는다. 회귀식은 y = 75.170 + 0.018 x다. 이 회귀식의 설명력은 48.3% 수준이다.

결론적으로 중대장의 전장리더십 수준은 전투결과에 긍정적인 영향을 미치는 것으로 확인되었으나(가설 #2), 중대장의 전장리더십 전 요소가 전투결과에 영향을 미칠 것이라는 가설은 기각됐다. 그러나, 전장리더십 요소중 중대장이 구축한 팀워크와 중대장의 주도성은 전투결과에 영향을 미치는 것으로 확인됐다. 즉, 전투 승리를 위해 중대장을 중심으로 한 팀워크 구축과 중대장 주도성을 높이는 노력이 필요하다.

가설 #5: 소대장의 전장리더십 전(全) 요소(솔선수범, 의사소통, 팀워크, 주도성, 침착성, 사명감)는 전투(훈련)결과에 영향을 미친다.

11개 대대 소대장의 전장리더십 전 요소를 독립변수, 11개 대대의 전투결과를 종속변수로 하는 단순회귀분석 결과, 모두 $p > 0.05$ 으로서 회귀식은 통계적으로 의미 없음이 확인됐다. 소대장의 전장리더십 전 요소(솔선수범, 의사소통, 팀워크, 주도성, 침착성, 사명감)는 전투결과에 영향을 미칠 것이라는 가설은 기각됐다. 즉, 소대장의 전장리더십 수준은 전투결과에 긍정적인 영향을 미치는 것으로 확인되었으나(가설 #2), 소대장의 전장리더십 각 요소들은 전투결과에 직접적인 영향을 미치지 않았다.

가설 #6: 주요직위자들의 전장리더십 전 요소(솔선수범, 의사소통, 팀워크, 주도성, 침착성, 사명감)는 전투(훈련)결과에 영향을 미친다.

11개 대대 주요직위자들의 전장리더십 전 요소를 독립변수, 11개 대대의 전투결과를 종속변수로 하는 단순회귀분석 결과가 표-19, 표-20, 표-21에 나타나 있다.

구분	분산분석		계수		R^2
	F	유의확률(p)	B	유의확률(p)	
상 수	10.979	0.009	71.424	0.000	0.550
x (의사소통)			0.139	0.009	

표-19. 가설 #6에 대한 단순회귀분석 통계결과('의사소통' 수준과 전투결과)

표-19에서 보는 바와 같이 p<0.05 이므로, 회귀식은 통계적으로 의미 있다. 주요직위자들의 원활한 의사소통은 전투결과와 양(+)의 상관관계(회귀계수: 0.139)를 갖는다. 회귀식은 y = 71.424 + 0.139 x다. 이 회귀식의 설명력은 55% 수준이다.

구분	분산분석		계수		R^2
	F	유의확률(p)	B	유의확률(p)	
상 수	11.020	0.009	71.805	0.000	0.550
x (침착성)			0.120	0.009	

표-20. 가설 #6에 대한 단순회귀분석 통계결과('침착성' 수준과 전투결과)

표-20에서 보는 바와 같이 p<0.05 이므로, 회귀식은 통계적으로 의미 있다. 주요직위자들의 유사시 침착성은 전투결과와 양(+)의 상관관계(회귀계수: 0.120)를 갖는다. 회귀식은 y = 71.805 + 0.120 x다. 이 회귀식의 설명력은 55% 수준이다.

구분	분산분석		계수		R²
	F	유의확률(p)	B	유의확률(p)	
상수	5.332	0.046	75.214	0.000	0.372
x (사명감)			0.089	0.046	

표-21. 가설 #6에 대한 단순회귀분석 통계결과('사명감' 수준과 전투결과)

표-21에서 보는 바와 같이 p<0.05 이므로, 회귀식은 통계적으로 의미 있다. 주요직위자들의 임무에 대한 사명감은 전투결과와 양(+)의 상관관계(회귀계수: 0.089)를 갖는다. 회귀식은 y = 75.214 + 0.089 x다. 이 회귀식의 설명력은 37.2% 수준이다.

결론적으로 주요직위자들의 전장리더십 전 요소가 전투결과에 영향을 미칠 것이라는 가설은 기각됐다. 그러나, 전장리더십 요소 중 의사소통, 침착성, 사명감은 전투결과에 영향을 미치는 것으로 확인됐다. 전투에서 승리하기 위해 주요직위자들의 원활한 의사소통과 유사시에 보여주는 침착성, 임무완수를 위한 사명감 수준을 제고하기 위한 노력이 필요하다.

가설 #7: 작전유형(방어/공격)별 전장리더십 수준은 전투(훈련) 결과에 서로 다른 영향을 미친다.

11개 대대의 방어시, 공격시 전장리더십 수준을 독립변수, 11개 대대의 전투결과를 종속변수로 하는 다중회귀분석 결과가 표-22에 나타나 있다. VIF 값이 10보다 작기 때문에 다중공선성은 없는 것으로 확인됐다.

구분	분산분석		계 수			수정된 R^2	VIF
	F	유의확률 (p1)	B	β	유의확률 (p2)		
상 수			63.226		0.000		
x_1(방어시 전장리더십)	34.415	0.000	0.123	0.592	0.001	0.870	1.004
x_2(공격시 전장리더십)			0.148	0.777	0.000		1.004

표-22. 가설 #7에 대한 다중회귀분석 통계결과

표-22에서 보는 바와 같이 p1<0.05 이므로, 회귀식은 통계적으로 의미 있다. 방어/공격시 전장리더십 수준은 전투결과와 양(+)의 상관관계(회귀계수: 각 0.123 / 0.148)를 갖는다. 회귀식은 y = 63.226 + 0.123 x_1+ 0.148 x_2다. 이 회귀식의 설명력은 87% 수준으로 매우 높은 편이다. 결론적으로 작전형태(방어/공격)별 전장리더십 수준은 전투결과에 서로 다른 영향을 미칠 것이라는 가설은 채택됐다. 방어시 발휘되는 전장리더십(표준화 회귀계수 베타: 0.592)보다는 공격시 발휘되는 전장리더십(표준화 회귀계수 베타: 0.777)이 전투결과에는 더 크게 영향을 미치는 것으로 확인됐다. 전투에서 승리하기 위해서는 방어시의 전장리더십 발휘도 중요하지만, 공격시 전장리더십 발휘가 더욱 중요하다는 의미로 해석할 수 있다.

가설 #8: 방어작전에 한정해서, 전투결과에 직접적으로 영향을 주는 전장리더십을 발휘하는 직책(대대장, 중대장 등)이 있다.

방어시 11개 대대 주요직위자의 전장리더십 수준을 독립변수, 11개 대대의 전투결과를 종속변수로 하는 단순회귀분석 결과가 표-23에 나타나 있다.

구분	분산분석		계 수		R^2
	F	유의확률(p)	B	유의확률(p)	
상 수			76.556	0.000	
x (방어시 중대장 전장리더십)	6.594	0.030	0.054	0.030	0.423

표-23. 가설 #8에 대한 단순회귀분석 통계결과
(방어시 중대장의 전장리더십 수준과 전투결과)

표-23에서 보는 바와 같이 p<0.05 이므로, 회귀식은 통계적으로 의미 있다. 방어시 중대장의 전장리더십 수준은 전투결과와 양(+)의 상관관계(회귀계수: 0.054)를 갖는다. 회귀식은 y = 76.556 + 0.054 x다. 이 회귀식의 설명력은 42.3% 수준이다. 다른 직책은 통계적으로 유의미하지 않았다. 결론적으로 특별히 방어작전에서 승리하기 위해 전장리더십 발휘가 중요한 주요직위자는 중대장으로 확인됐다. 다른 직책의 전장리더십 수준은 방어작전 전투결과에 영향을 미치지 않았다. 방어작전에서 승리하기 위해서는 중대장의 역할이 크다.

가설 #9: 공격작전에 한정해서, 전투결과에 직접적으로 영향을 주는 전장리더십을 발휘하는 직책(대대장, 중대장 등)이 있다.

공격시 11개 대대 주요직위자의 전장리더십 수준을 독립변수, 11개 대대의 전투결과를 종속변수로 하는 단순회귀분석 결과가 표-24에 나타나 있다.

구분	분산분석		계수		R^2
	F	유의확률(p)	B	유의확률(p)	
상수	5.809	0.039	76.966	0.000	0.392
x (공격시 대대장 전장리더십)			0.050	0.039	

표-24. 가설 #9에 대한 단순회귀분석 통계결과
(공격시 대대장의 전장리더십 수준과 전투결과)

표-24에서 보는 바와 같이 p<0.05 이므로, 회귀식은 통계적으로 의미있다. 공격시 대대장의 전장리더십 수준은 전투결과와 양(+)의 상관관계(회귀계수: 0.050)를 갖는다. 회귀식은 y = 76.966 + 0.050 x다. 이 회귀식의 설명력은 39.2% 수준이다. 결론적으로 특별히 공격작전에서 승리하기 위해 전장리더십 발휘가 중요한 주요직위자는 대대장으로 확인됐다. 다른 직책의 전장리더십 수준은 공격작전 전투결과에 영향을 미치지 않았다. 공격작전에서 승리하기 위해서는 대대장의 역할이 크다.

가설 #10: 방어작전에 한정해서, 전투결과에 직접적으로 영향을 주는 전장리더십 요소(솔선수범, 의사소통 등)가 있다.

방어시 11개 대대의 전장리더십 전 요소를 독립변수, 11개 대대의 전투결과를 종속변수로 하는 단순회귀분석 결과, 모두 p>0.05 으로서 회귀식은 통계적으로 의미 없음이 확인됐다. 특별히 방어작전에 한정해서 전투결과에 직접적으로 영향을 주는 전장리더십 요소는 없는 것으로 확인됐다.

가설 #11: 공격작전에 한정해서, 전투결과에 직접적으로 영향을 주는 전장리더십 요소(솔선수범, 의사소통 등)가 있다.

공격시 11개 대대의 전장리더십 전 요소를 독립변수, 11개 대대의 전투결과를 종속변수로 하는 단순회귀분석 결과, 모두 p>0.05 으로서 회귀식은 통계적으로 의미 없음이 확인됐다. 특별히 공격작전에 한정해서 전투결과에 직접적으로 영향을 주는 전장리더십 요소는 없는 것으로 확인됐다.

가설검증 결과 종합분석

이번 연구의 가장 큰 성과는 무엇보다 전장리더십 수준과 전투결과 인과관계를 과학적·실증적인 방법을 통해 최초로 입증한 점이다. '전장리더십 수준이 높으면 전투결과도 좋다'는 상식에 가까운 명제(가설 #1)가 계량화된 방법과 절차를 통해 확인됐다. 또한, 전장리더십 요소와 전투결과의 인과관계가 입증됐다. 모든 피평가자들의 '의사소통'과 '침착성', '사명감'(대대장은 미평가)은 전투결과에 직접적인 영향을 미치는 것으로 확인됐다(가설 #6). 중대장의 '팀워크'와 '주도성' 발휘는 전투결과에 직접적으로 영향을 미쳤다(가설 #4). 전투결과에 영향을 미친 직책별 리더십 수준은 ① 중대장, ② 대대장, ③ 소대장 순으로 확인됐다.

　대대급 제대 전투에서 중대장의 역할이 중요함을 입증한 것이다(가설 #2). 전장리더십 수준은 방어보다 공격시 전투결과에 더 영향을 미치는 것으로 확인됐다(가설 #7). 전투의 주도권을 보다 용이하게 발휘할 수 있는 공격작전시 전장리더십의 역할이 더욱 중요하다는 의미로 해석된다. 작전유형별로 전투결과에 영향을 미친 직책과 요소가 확인됐다.

　방어작전시는 중대장의 전장리더십 발휘가 중요하고(가설 #8), 공격작전시는 대대장의 전장리더십 발휘가 중요했다.(가설 #9). 결과적으로 보면 전장리더십 6개 요소 중 '솔선수범'의 유효성만 입증되지 않았다. 그 이유는 피평가자 모두의 '솔선수범' 수준이 높고, 부대 및 개인 간 '솔선수범' 수준의 편차가 적기 때문에 입증되지 않은 것으로 판단된다.

　상기(上記) 채택된 가설 외에 여러 가설들이 기각됐다. 채택되지 않은 가설들에 대해서는 여러 가지 이유로 추정해 볼 수 있다. 기각된 가설에서 제시한 두 변수 간에 진짜로 인과관계가 없기 때문에 기각된 것일 수 있다. 또한, 전장리더십 세부 평가항목이 불완전해서 전장리더십 수준을 제대로 대표하지 못해 기각될 수도 있다고 판단된다. 또 다른 이유는 평가관의 평가에 객관성이 미흡해서 그럴 수도 있다. 그러나 무엇보다 평가된 표본의 수(평가부대)가 11개라는 한계가 기각에 영향을 미쳤을 것이라고 추정하고 있다. 이에 대한 보다 심층적인 원인분석 등의 후속연구가 필요하다.

제5절 결론

연구 의의 및 제한사항

　이번 연구의 의의는 무엇보다 KCTC 훈련부대를 대상으로 과학적인 평가체계를 구축하여 **전장리더십을 최초로 계량화하여 평가한 것이다.** 지금까지 막연하게 추측했던 전장리더십을 **과학적 통계기법을 이용하여 객관적으로 '전장리더십이 전투형 강군 육성에 필요한 무형 전력'**임을 입증했다. 혹자는 전장리더십이라는 추상적인 개념이 과연 계량화된 척도나 수치로 평가될 수 있는가에 대해 의구심을 품을 수도 있다. 그러나 전장리더십을 추상적이고 형이상학적인 범주에만 머물게 하면 실증연구는 요원(遙遠)해진다. 전장리더십 연구에 있어 문헌연구와 병행한 실증연구는 매우 중요하다. 실증연구를 통한 사실관계 규명은 책상의 종이 위에만 담길 수 있는 전장리더십을 현장으로 이끌어내는 출발점이 될 것이다. 이런 차원에서 전장리더십에 대한 계량화·과학화된 연구의 시작을 연 이번 연구는 의미가 있다고 믿는다.

　또한 KCTC 훈련에 참가한 11개 대대를 대상으로 대대급 제대의 전장리더십 수준을 통해 육군 전체의 전장리더십 수준을 가늠해봄으로써 향후 리더십 교육의 보완소요 및 중점을 식별할 수 있었다. 향후 개인과 부대별 전장리더십 분석결과와 장·단점을 피드백(Feedback)한다면 개인 및 부대의 전장리더십 수준을 제고할 수 있을 것이다.

다만 표본수(부대수)가 11개(평가대상은 비록 275명이었지만)로서 연구결과를 일반화하는데 다소 제한이 있을 수 있으나, 이 문제는 향후 지속 연구를 통해 결과가 누적이 된다면 자연스럽게 해소될 것으로 판단한다.

향후추진

본 연구결과는 리더십교육의 중요성을 입증하는 과학적 연구사례로 제시할 수 있을 뿐 아니라, 과정별 리더십교육에 중점 교육소요로도 반영할 수 있을 것이다. 전장리더십 평가점검표를 지속 보완하여 평가의 신뢰성을 지속적으로 향상시키기 위해 노력도 필요하다. 또한, 이번 KCTC 대대급 전장리더십 평가에서 그치지 않고 KCTC 여단급 평가에서도 전장리더십 평가를 지속한다면 연구의 연속성이 보장될 것으로 판단된다. KCTC 훈련이 여단급 규모로 확장됨에 따라 여단급 전장리더십 평가점검표를 준비하고 지속적으로 평가하고 평가 및 분석자료를 지속적으로 누적한다면 보다 유의미한 결과를 도출할 수 있을 것이다.

육군교육사령부에서는 전장리더십 수준 제고를 위해, 야전부대에서 전술훈련 간 활용하고 있는 '제대별·병과별 전술훈련 평가지침서' 164종에 전장리더십 세부 평가항목을 반영하여 야전부대 전술훈련시 전장리더십을 병행해서 평가하도록 추진 중에 있다. 이를 통해 '전장리더십'의 토대 위에 '전투지휘'가 실시되고 평가되는 완성도 높은 훈련체계가 구축될 것이다.

이번 연구를 통해 전장리더십이 전투결과에 긍정적인 인과관계를 미친다는 것이 증명된 만큼, 다음 연구과제는 "전장리더십 역량을 평시에 어떻게 함양할 것인가?"하는 것이다. 전장리더십 역량 향상방안에 관한 깊이 있는 연구가 개인, 학교, 야전부대에서 진행돼 할 것으로 보인다. 이번 연구를 토대로 전투승리의 보이지 않는 무형전력인 '전장리더십'에 대한 관심이 높아지고 활발한 연구가 시작되는 계기가 되기를 기대한다.

참고문헌

1. 연구논문

- 윤여표·이선희·전형일, "KCTC 훈련부대에 대한 전장리더십 평가", 「전투발전 141호」, 2012.
- 윤여표·이선희·전형일, "전장리더십 수준과 전투결과의 인과관계 분석", 「전투발전 143호 부록」, 2013.
- 최병순, 「전장리더십 역량 개발 방안Ⅰ」, 육군리더십센터 용역과제, 2009.

2. 관련교범 및 서적

- 육군본부, 「야전교범 지-0 군 리더십」, 2011.
- 육군본부, 「교육참고 8- 지-1 전장리더십」, 2011.
- 교육사령부, 「전투프로 2012(11년 전투지휘훈련 교훈집(제5권))」, 2012.
- 교육사령부, 「전장에서의 통솔과 지휘(I, II, III)」, 1994.
- 교육사령부 번역실, 「FM22-100 미 육군의 통솔법」, 2002.
- 미 육군본부, 교범 「육군 리더십」, 2007.
- 미 육군본부, 교범 「작전」, 2010.
- 미 교육사, 팜플렛 525-100-4 「전장에서의 통솔과 지휘」, 육군 교육사 번역, 1993.
- 류병목, "전투지휘훈련을 통해 본 리더십에 관한 소고", 「전투발전지 134호」, 2010.
- 임윤갑, 미 지휘참모대학 교환교관 수시보고 11-06, 2011.
- 박유진, 「현대사회의 조직과 리더십」, 2007.

- 백기복 외 2명, 「리더십의 이해」, 2010.
- 송지준, 「논문작성에 필요한 SPSS/AMOS 통계분석방법」, 21세기사, 2013.
- 윤원영, 「SPSS Statistics 기초통계분석」, SPSS 코리아, 2013.
- 이민수·최정민 역(에드거 F. 퍼이어 저), 「영혼을 지휘하는 리더십」, 2007.
- 최병순, 「군 리더십」, 2010.

제3장

두 개의 전쟁과 전장리더십

제1절 서 론
제2절 언론 보도를 통해 식별된
　　　전장리더십 사례 분석
제3절 전장리더십 관점의 3가지 교훈
제4절 결 론

요약

본 연구는 전장리더십 관점에서 '러시아- 우크라이나 전쟁'과 '이스라엘- 하마스 분쟁'을 분석한 것이다. 정확한 전장리더십 분석은 치열한 전투현장에서 리더들과 팔로워들의 상호작용을 관찰해야 가능하지만, 이는 현실적으로 제한된다. 차선책으로서 공신력 있는 국내·외 언론(러시아·우크라이나 언론 제외)에 보도된 내용을 중심으로 전장리더십을 분석했다.

연구방법 및 절차는 아래와 같다. 먼저, 전투결과에 직·간접적으로 영향을 주는 전장리더십 핵심요소들이 언론 보도 속에서 실제로 식별되는지 분석했다. 이를 바탕으로 전장리더십 관점에서 '러시아- 우크라이나 전쟁'과 '이스라엘- 하마스 분쟁'의 교훈을 도출하고, 전투결과에 영향을 미치는 전장리더십을 평시에 함양할 수 있는 방안에 대해 제언했다.

연구결과는 다음과 같다. 먼저, 여러 국내·외 언론의 보도내용 속에서 전장리더십의 8개 핵심요소를 식별할 수 있었다. 전투결과에 직·간접적으로 영향을 미친 8개 핵심요소의 중요성을 인식할 수 있는 언론 보도의 구체적 내용과 의미를 제시했다. 둘째, 전장리더십의 3가지 관점에서 두 개의 전쟁을 분석했다. ① 발전하는 전술·장비·무기체계 속에서도 전투력 발휘에 가장 핵심적인 역할을 하는 인간 영역(Human Dimension)의 의미, ② 전쟁과 전투결과에 영향을 미치는 지도자(리더)의 역할, ③ 전시에 전장리더십 발휘를 보장하기 위해서는 평시에 전장리더십을 함양하는 것이 중요함을 강조했다.

*주요 용어

'러시아- 우크라이나 전쟁', '이스라엘- 하마스 분쟁' 언론 보도,
인간 영역(Human Dimension), 전장리더십

제1절 서 론

현재진행형인 '러시아-우크라이나 전쟁', '이스라엘-하마스 분쟁'을 전략, 전술, 무기체계, 교리 등 다양한 시각과 기준으로 분석하는 시도가 이어지고 있다. 전쟁은 비극이지만 전쟁을 준비하거나 분석하는 사람들에게 전쟁은 좋은 기회이기도 하기 때문이다.

전투력 요소의 하나[27]인 전장리더십의 관점에서도 이 전쟁을 분석해야 한다. 전장리더십은 6대 전투수행기능을 통합하고, 촉진함으로써 전투승리를 달성하게 해주는 요소로서 육군의 전투력을 결정짓는다.[28] 하지만 이렇게 중요한 전장리더십을 관찰하고 분석하는 것은 말처럼 쉽지 않다. 특정 리더가 발휘하는 전장리더십이 어떠한지는 전투현장에 투입된 주변 사람들이 가장 잘 알 수 있지만, 전쟁이 진행 중인 상황에서는 이를 객관적으로 확인하는 것 자체가 제한된다. 통상 전쟁이나 전투가 끝나고 일정 시간이 경과한 후에 전투상보 등 종합보고서나 참전 용사들의 증언 등을 통해 제한적으로 확인될 수 있다. 그러므로 아직도 진행 중인 '러시아-우크라이나 전쟁'을 전장리더십 관점에서 준(準) 실시간에 분석하기 위해서는 다른 방안을 찾아야 한다. 이러한 이유에서 공신력 있는 국내·외 언론(러시아·우크라이나 언론 제외)을 통해 실시간 보도되는 내용을 모

---

27   육군본부 기준교범 1 『지상작전』. 2021. p.4-20
28   육군본부 기준교범 1 『지상작전』. 2021. p.4-19

니터링하고 보도내용 중에서 전장리더십의 요소들을 분석하게 됐다.

분석과 해석에 유의해야 할 점이 있다. 분석 대상인 국내·외 언론 보도의 특성과 경향성이다. 러시아와 친러시아 국가를 제외한 국제사회와 언론은 이 전쟁을 러시아의 불법 침공으로 인식하고 있다. 그러므로 그들의 기본 논조에 친(親) 우크라이나, 반(反) 러시아 정서가 깔려있음을 배제할 수 없다. 긍정적인 보도사례들은 우크라이나군, 부정적 보도사례들은 러시아군에 집중되는 현상은 이러한 이유 때문으로 보인다. 이러한 특성과 경향성은 '이스라엘-하마스 분쟁' 보도에서도 보인다. 하지만 이러한 특성과 경향성을 감안하더라도 이들 언론의 보도내용 자체는 사실(fact)로 받아들이기에 무리가 없으므로 전장리더십 관점의 분석에 문제가 없다고 판단했다. 그러나 제시된 언론 보도의 분석과 해석에 있어 이러한 경향성은 반드시 고려되어야 한다는 점을 강조하고 싶다.

연구방법 및 절차는 아래와 같다. 먼저, '육군 리더십 모형(Warrior 모형)'이라는 잣대를 가지고 '22년 2월부터 '24년 10월까지의 국내·외 언론을 모니터링하고 분석하여 전투결과에 직·간접적으로 영향을 미친 전장리더십 핵심요소들을 식별했다. 이후 전장리더십 관점에서 전쟁 전반을 관통하는 교훈을 도출했다.

제2절 언론 보도를 통해 식별된 전장리더십 사례 분석

분석기준

    소음 속에서 의미 있는 신호를 식별하기 위해서는 엄격한 선별 기준이 필요하다. '러시아-우크라이나 전쟁', '이스라엘-하마스 분쟁' 관련 엄청난 양의 국내·외 언론 보도 속에서 '전장리더십'을 식별하기 위해 '육군 리더십 모형(Warrior 모형)'이라는 기준을 활용했다. 이 모형은 그림-1에서 보는 바와 같이 전·평시 육군의 모든 리더들이 갖추고 실천해야 할 역량들을 제시한 것으로서 6대 범주, 27개 핵심요소로 구성되어 있다. 이들 핵심요소는 우리 군의 전통, 리더십 이론, 동서고금의 전사(戰史) 분석, 다양한 의견수렴 과정을 통해 도출되어 육군의 리더십 기준으로 정립됐다. 이러한 핵심요소는 평시에 리더가 부여된 임무를 완수할 뿐 아니라, 전투에서 승리하는 데 결정적인 영향을 미친다.

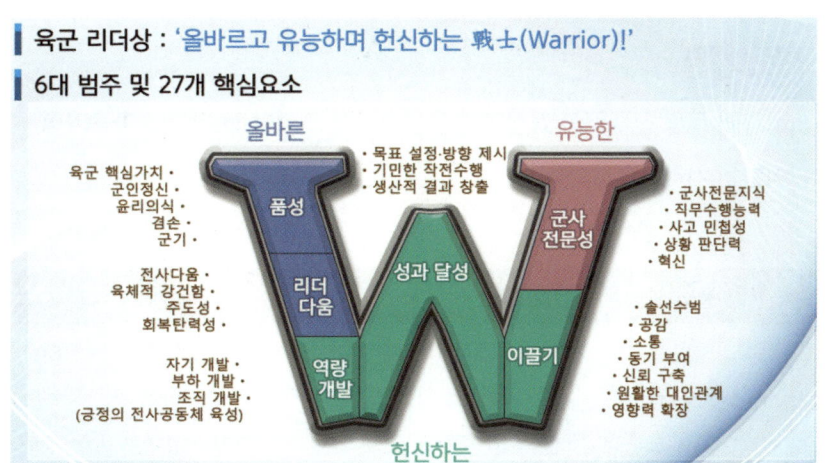

그림-1. 육군 리더십 모형(Warrior 모형)

식별된 사례

'22년 2월부터 '24년 10월까지의 국내·외 언론 보도 분석을 통해 식별 가능했던 '육군 리더십 모형(Warrior 모형)' 핵심요소는 전체 27개 중 8개였다. 식별된 8개 핵심요소는 정의, 식별된 사례, 의미 순으로 분석했다. **식별되지 않은 19개 핵심요소는 단지 언론에 보도되지 않아 확인되지 않았을 뿐, 실제 전장에서 발휘되지 않았다는 의미가 아님을 유의할 필요가 있다.**

군인정신

|정의[29]| 무형 전투력의 핵심이자 군인으로서 가져야 할 확고한 마음가짐

|식별된 사례|

러: 러시아, 우: 우크라이나

보도결과

우: 탱크 막으려 다리 위에서 '자폭' 우크라 병사…러시아군 진격 속도 늦췄다.
- 우크라이나군 볼로디미로비치는 다리에 지뢰를 설치하겠다고 자원, 설치 도중에 자신이 안전한 곳으로 이동할 시간이 없다는 것을 깨닫고 자폭을 선택해 다리를 폭파
- 교량 폭파로 인하여 러시아군은 우크라이나 본토로 진격하기 위해 더 긴 경로를 선택

* 출처: '22. 2. 25. CNN('22. 2. 26. 매일경제)[30]

우: 러시아군 항복 요구에 "꺼져라"…우크라이나군 스네이크섬 국경수비대원 항전 의지
- 러시아 전함이 무전으로 "전쟁상황이다. 무기를 내려놓고 투항하면 유혈사태와 불필요한 사상을 피할 것" 이라 회유하였으나, 13명의 경비대원들은 욕을 섞어 "꺼져버려라"라고 답했다.

* 출처: '22. 2. 25. CNN('22. 3. 14. 경향신문)[31]

---

29 '육군 리더십 모형(Warrior 모형)'을 구성하는 핵심요소의 정의는 육군에서 발간한 기준교범 8-0 『육군 리더십』을 기준으로 제시했다.

30 매일경제 2. 16. https://www.mk.co.kr/news/world/view/2022/02/183780/ (검색일 2022. 5. 23.)

31 경향신문 3. 14. https://m.khan.co.kr/world/world- general/article/202203141653001#c2b (검색일 2022. 5. 23.)

우: "후회도, 자비도 없다." 우크라 신병의 다짐
- "후회도 자비도 없다(NO REGRET, NO MERCY)" 영국남부 더링턴에서 훈련을 받고 있는 한 우크라니아군 신병이 철모에 적어놓은 다짐

* 출처: '22. 10. 11. APF연합뉴스('22. 10. 15. 조선일보)[32]

표-1. '군인정신' 관련 사례 보도결과

|의미| 군인정신은 군인 정체성이자 무형 전투력의 핵심이다. 위 사례들에서 볼 수 있는 장병들의 투철한 군인정신은 전투결과에 직·간접적으로 연결될 뿐 아니라 국민의 대군 신뢰 및 항전 의지 고양에도 큰 영향을 미친다. 그러므로 평시 투철한 군인정신을 신념화함으로써 전시에 군인의 사명을 다할 수 있도록 육성하는 것은 매우 중요하다.

---

32   조선일보 10. 15. https://www.chosun.com/international/international_general/2022/10/15/6JY627JG5JAGBK5CP6UMDONN7M/ (검색일 2022. 10. 16.)

윤리의식

|정의| 사람으로서 바르게 행동하고 지켜야 할 도리를 다하는 인식과 태도

|식별된 사례|

러:러시아, 우:우크라이나, 하:하마스

보도결과

우: 러시아군 포로에 대한 고문, 가혹행위 등 포로에 대한 수사 및 처벌방식 의문 제기

  - 우크라이나 주재 유엔(UN) 인권감독관의 언론브리핑에서 우크라이나군에 의한 러시아군 포로에 대한 고문, 가혹행위, 구금이 지속적으로 발생하고 있다는 증거를 확보했다고 전함.

    * 출처: '22. 5. 10. UN 제네바 미디어 뉴스룸 ('22. 5. 26. 소비자 평가)[33]

러: 민간인 살해, 대피소였던 학교 건물 공습(60여 명의 민간인 사망), 민간인 주거지 폭격

    * 출처: '22. 3. 2. 연합뉴스[34], '22. 5. 9. BBC[35], '22. 5. 13. BBC[36], '22. 5. 24. 한겨레[37]

---

33 소비자평가 5. 26. http://www.iconsumer.or.kr/news/articleView.html?idxno=24573 (검색일 2022. 5. 27.)

34 연합뉴스 3. 2. https://www.yna.co.kr/view/AKR20220302012600080 (검색일 2022. 5. 23.)

35 BBC 5. 9. https://www.bbc.com/korean/news-61343703 (검색일 2022. 5. 23.)

36 BBC 5. 13. https://www.bbc.com/korean/international-61433171 (검색일 2022. 5. 23.)

37 한겨레 5. 24. https://www.hani.co.kr/arti/international/international_general/1044085.html (검색일 2022. 5. 25.)

러: 러軍, 점령 한 달 새 650명 총살…은신처 찾아내 여성 성폭행
- 러시아군이 33일간 점령한 부차에서는 암매장된 민간인 시신 300여 구가 발견되는 등 집단학살 정황
- 주민들은 러시아군이 젊은 여성들을 끌고 갔으며, 그들이 성폭행을 당했다고 주장

* 출처: '22. 6. 11. 동아일보(특파원)[38]

하: 영유아 시신 40구, 일부는 참수 "본 적 없는 대학살"

* 출처: '23. 10. 10. 이스라엘 뉴스채널 i24[39]

하: 3세 아기, 85세 할머니, 외국인 관광객도 인질로

* 출처: '23. 10. 11. 중앙일보[40]

러: 플라스틱 통 안에 '금니' 가득…러시아군의 끔찍한 고문 흔적
- 최근 탈환한 히르키우 지역의 한 지하 고문실에서 금니와 방독면 대량 발견
- 지역 주민들은 러시아군이 그곳에서 민간인들의 치아를 생으로 뽑아 고문하고, 방독면을 씌운 채 불붙은 천 조각을 집어넣어 살해했다고 증언

* 출처: '22. 10. 6. JTBC뉴스[41]

---

38 동아일보 6. 11. https://www.donga.com/news/Inter/article/all/20220611/113888109/1 (검색일 2022. 7. 4.)

39 동아일보 10. 11. https://www.donga.com/news/article/all/20231011/121616481/1 (검색일 2023. 10. 11.)

40 중앙일보 10. 11. https://www.joongang.co.kr/article/25198399 (검색일 2023. 10. 11.)

41 JTBC 10. 6. https://news.jtbc.co.kr/article/article.aspx?news_id=NB12082270 (검색일 2022. 10. 6.)

러: 성폭행, 우크라 남녀 모두 당했다...러군 의도적 군사전략
- 프라밀라 패튼 유엔 성폭력 특별 대표는 "우크라이나에 있는 러시아군의 강간과 성폭행은 러시아의 군사전략이자 희생자들의 존엄성을 말살하려는 의도적인 전술의 일부"라고 말함.
- 성폭력 피해자의 나이는 4세부터 82세 사이고 대부분 여성과 소녀들이었지만, 남성과 소년들도 있었음. 패튼 대표는 "보고된 사례는 빙산의 일각에 불과하다"고 말함.
- 키이우 외곽에서 임산부를 집단 성폭행하고 고문한 혐의로 러시아 90탱크사단 소속 병사 2명을 기소하고 수배 명단에 올림. 유엔 조사관들은 러사이군이 성폭행을 저지른 사례가 확인된 것만 100건이 넘는다고 밝혀

　　　　　　* 출처: '22. 10. 15. CNN, AFP통신('22. 10. 16. 중앙일보)[42], 야후뉴스('22. 11. 3.)

하: 가자지구 병원 폭격으로 최소 500명 숨져...부상자 대부분 여성·어린이
- 폭격의 주체는 규명되지 않았으나 반인륜적 행태로 국제적 비난을 쏟아짐.
- 사전 경고 없이 공격을 했으며 팔레스타인 정부는 "냉혈한 학살"이라고 비판.

　　　　　　* 출처: '23. 10. 17. CNN('23. 10. 18. 뉴시스)[43]

표-2. '윤리의식' 관련 사례 보도결과

---

[42] 중앙일보 10. 16. https://www.joongang.co.kr/article/25109489#home (검색일 2022. 10. 16.)

[43] 중앙일보 10. 18. https://newsis.com/view/NISX202312018_0002487069 (검색일 2023. 10. 19.)

|의미| 윤리의식은 준법정신과 연결되어 매우 중요하다. 위의 수많은 사례에서 볼 수 있듯 이번 전쟁에서 가장 크게 부각되고 있는 문제점은 전쟁법 위반과 관련된 것이다. 전투의 특성[44]으로 인해 전투원은 심각한 심리적 영향을 받는다.[45] 전장 심리 현상 중 하나인 '가치 기준의 하락'으로 윤리의식이 저하되고, 그 결과로 사례에서 볼 수 있는 참혹한 전쟁범죄를 자행하게 된다. 이러한 일탈 행위는 개인에 대한 비난으로 국한되지 않고, 그 국가의 전쟁 수행의 정당성까지도 의심받게 만든다. 평시에 장병들의 윤리의식을 제고시켜 전·평시에 전쟁법을 포함한 법과 규정을 엄격히 준수할 수 있도록 육성하는 것은 너무도 중요하다.

---

44 기준교범 8-0 『육군 리더십』(2021)에서는 전투의 특성으로서 위험, 불확실성과 우연, 정신적·육체적 피로와 고통, 마찰을 제시하고 있다.

45 기준교범 8-0 『육군 리더십』(2021)에서는 전투 특성으로 인해 발생하는 전장의 심리 현상으로서 불안과 공포, 공황, 유언비어의 확산, 지각 능력의 저하, 가치 기준의 하락, 동화의식의 확산, 외상후스트레스장애를 제시하고 있다.

군기

|정의| 육군 핵심가치에 부합하는 결정과 행동을 하고 합법적 명령에 기꺼이 복종하는 것

|식별된사례|

러:러시아, 우:우크라이나,

보도결과

러: 美, "러軍 사기 저하 심각…탱크 파손·버리며 전투 회피
- 미국 일간지 워싱턴포스트(WP)는 러시아 군 당국이 병사들의 군기를 잡기 위해 신체를 학대하는 정황이 확인된다고 전함.
- 러시아 군인들이 약탈을 일삼거나 음식을 구걸하고 탱크와 트럭을 버리고 달아남.

* 출처: '22. 3. 1. 워싱턴 포스트('22. 3. 2. 헤럴드경제)[46]

러: "탈영병 모두 사살" 푸틴 명령에…러시아군, 집에 가려고 택한 충격적 방법
- 러시아 해병대 여단 220명이 전투 거부, 임무에 대한 불만으로 차량을 파괴하고 무더기 항복

* 출처: '22. 3. 2. YTN[47,] '22. 3. 23. 매일경제[48]

---

46 헤럴드 경제 3. 2. http://news.heraldcorp.com/view.php?ud=20220302000976 (검색일 2022. 5. 23.)

47 YTN 3. 2. https://www.yna.co.kr/view/AKR20220302157500009 (검색일 2022. 5. 23.)

48 매일경제 3. 23. https://www.mk.co.kr/news/world/view/2022/03/265940/ (검색일 2022. 5. 23.)

러: 사기 떨어진 러군 자중지란... 항명에 자국 항공기 격추까지
- 병참 문제로 사기가 떨어지면서 하극상은 물론, 의도치 않게 아군을 공격하는 사례까지 발생

 * 출처: '22. 3. 30. 로이터통신('22. 4. 1. 한국일보)[49]

러: 틱톡에 빠진 '악마의 부대'...우크라서 조롱거리
- 영국 일간 텔레그래프는 우크라이나 전쟁에 참전한 체첸군이 틱톡 영상을 게재하는 것에 열을 올리고 있으며, 칼싸움을 하는 영상을 올리는 등 '군기'를 찾아보기 어렵다고 전함.

 * 출처: '22. 5. 21. 일간텔레글레프('22. 5. 23. 머니투데이)[50]

표-3. '군기' 관련 사례 보도결과

|의미| 군기는 군인에게 요구되는 가장 기본 역량이다. 군기가 사라진 군대의 군인은 폭력배에 불과하다. 위 사례들처럼 군기가 이완되면 전투 수행에 심각한 부작용을 야기한다. 그러므로 정당한 명령에 기꺼이 복종하고, 철저하게 자기를 통제할 수 있는 군인으로 육성하는 것이 중요하다.

49　한국일보 4. 1. https://www.hankookilbo.com/News/Read/A2022033110020001796 (검색일 2022. 5. 23.)

50　머니투데이 5. 23. https://news.mt.co.kr/mtview.php?no=2022052307304495253 (검색일 2022. 5. 23.)

전사다움

|정의| 적과 싸워 이길 수 있는 용기와 능력을 갖춘 리더로서 싸워서 승리하고, 승리를 통해 소중한 가치를 수호하는 무적의 전사 기질

|식별된 사례|

러:러시아, 우:우크라이나,

보도결과

우: 아조우스탈 제철소 지휘관, "우리는 최후의 순간까지 싸울 것"
- 우크라이나군은 마리우폴 내 요새화된 아조우스탈 제철소에 민간인 200여 명과 함께 항전
- 제철소의 우크라이나군 지휘관은 러시아군이 제철소 영내에 진입하면서 혈투가 벌어지고 있으며, "우크라이나인들을 계속 싸울 것이며 러시아에 항복할 계획은 없다."며 의지를 다졌다.

* 출처: '22. 5. 7. BBC[51]

우: "나는 대피 수단이 아니라 탄약이 필요하다."...우크라이나 저항의 구심이 된 젤렌스키
- 대통령이 도망갔다는 러시아군의 '가짜뉴스'를 반박하기 위하여 직접 키이우 거리에서 촬영한 30초가량의 영상 메시지를 소셜미디어(SNS)에 게시하며, 대통령으로서 수도를 끝까지 지킬 것을 확인시켜 국민의 대공황을 방지

* 출처: '22. 2. 26. 워싱턴포스트('22. 2. 27. 경향)[52]

---

51 BBC 5. 7. https://www.bbc.com/korean/features-61360134 (검색일 2022. 5. 23.)

52 경향신문 2. 27. https://www.khan.co.kr/world/world-general/article/202202271744011 (검색일 2022. 5. 23.)

우: "굴복은 없다."…젤렌스키 유럽의회 연설에 기립박수
  - 볼로디미르 젤렌스키 우크라이나 대통령은 화상을 통해 유럽의회 연설을 실시함.
  - "우리는 싸우고 있습니다. 우리의 땅을 위해서, 그리고 우리의 자유를 위해서."

* 출처: '22. 3. 1. 워싱턴포스트('22. 3. 2. 머니투데이)[53]

표-4. '전사다움' 관련 사례 보도결과

|의미| 군인은 전사다워야 한다. 내면의 모습도 중요하지만, 내면의 가치가 밖으로 표출되어 다른 전우나 국민에게 보여주는 모습 역시 중요하다. 위 사례처럼 리더와 장병의 전사다움은 국민의 신뢰를 높일 뿐 아니라, 일전을 불사하는 항전의지를 촉발하는 기폭제가 되기도 한다. 그러므로 우리 장병들을 전투적인 사고가 신념화된 전사 기질을 갖추고 이러한 가치가 당당한 언행으로 나타나도록 육성해야 한다.

---

53 머니투데이 3. 2. https://news.mt.co.kr/mtview.php?no=2022030206405955423 (검색일 2022. 5. 23.)

솔선수범

|정의| 리더가 앞장서서 행동으로 실천하여 구성원의 본보기가 되는 것
|식별된 사례|

러:러시아, 우:우크라이나,

보도결과

우: 기관총 든 키이우(키이우) 시장, '전설의 복싱 챔피언'이었다.
- 비탈리 클리치코 시장은 직접 군복을 입은 채 동생과 함께 기관총을 들고 전선을 지키며 "지금 행동하라(Do Act Now)"고 호소하면서 솔선수범하는 모습을 통해 시민들을 단결시켜 수도 사수에 만반의 준비를 하였음.

* 출처: '22. 3. 3. 로이터통신('22. 3. 4. 서울경제)54

우: 러시아는 왜 예상과 달리 우크라이나를 압도하지 못하는가?
- 젤렌스키 대통령은 계속해서 관저를 지키는 리더십을 보임으로써 저항의 구심점이 됨.
- 3월 30일 퓨 리서치는 응답자의 72%가 젤렌스키를 신뢰한다는 미국 여론조사 결과를 발표했는데 이는 주요국 지도자들 중에서 가장 높은 수치

* 출처: '22. 5. 10. 레디앙 국방칼럼[55]

---

54 서울경제 3. 4. https://www.sedaily.com/NewsView/2638ZI04KW (검색일 2022. 5. 23.)

55 레디앙 국방칼럼 5. 10. http://www.redian.org/archive/ (검색일 2022. 5. 23.)

우: 우크라 영웅 '김'주지사 "태권도 검은 띠…총 없어도 러 이긴다."
- 고려인 4세 비탈리 김 미콜라이우 주지사는 3월 초 러시아군이 미콜라이우 진격 공세를 펼치자 어깨에 총을 메고 순찰하는 등 솔선수범하며 공세를 저지하여 우크라이나 최대 물류 거점이자 전략 요충지인 오데사주가 건재할 수 있었음.

* 출처: '22. 5. 24. 중앙일보(인터뷰)[56]

우: "당신을 해임한다." 수도 처음 떠난 우크라 대통령, 히르키우서 이 사람 잘랐다.
- 젤렌스키 대통령은 전쟁 이후 처음으로 수도를 떠나 히르키우를 방문했고, 이후 정례 대국민 연설에서 전면전이 벌어진 첫날부터 도시 방어에 소극적이었던 현지 보안 책임자를 해임한다고 밝힘.

* 출처: '22. 5. 29. APF통신('22. 5. 30. 매일경제)[57]

표-5. '솔선수범' 관련 사례 보도결과

|의미| 솔선수범은 리더를 특징짓는 기본 역량이다. 전장의 위험한 시간과 장소에서 보여주는 리더의 솔선수범 효과는 지대하다. 전장에서 리더의 모범적인 행동은 구성원의 참여 의지를 고취하여 힘든 일에 함께하는 분위기를 만들 수 있기 때문이다. 위 사례들처럼 위험한 순간에 보여준 정치지도자들의 솔선수범은 국민에게 좋은 본보기가 되어 국민들이 힘든 상황에서도 포기하지 않는 힘을 주는 원천이 되기도 한다. 하지만 솔선수범하지 않은 리더는 지탄의 대상이 된다. 육군 리더에게 솔선수범의 중요성은 아무리 강조해도 지나침이 없다. 힘들고 위험한 상황에서 솔선수범하는 리더로 육성해야 한다.

---

56 중앙일보 5. 24. https://www.joongang.co.kr/article/25073645 (검색일 2022. 5. 24.)

57 매일경제 5. 30. https://www.mk.co.kr/news/world/view/2022/05/474859/ (검색일 2022. 6. 7.)

소통

|정의| 리더가 상호작용을 통해 자기 생각을 전달하고 상대방을 이해하는 것
|식별된 사례|

러:러시아, 우:우크라이나,

보도결과

러, 우: 거리 두는 푸틴, 소통하는 젤렌스키…미디어 활용 상반된 리더십
- 젤렌스키, 페이스북 등 SNS활용 실시간으로 상황 알리며 지원 호소, 우크라군 단결과 전 세계의 지지를 끌어냄
- 푸틴, 한 시간 대국민 연설, 침공 정당화 일방향 메시지 주력, 권위주의 모습에 내부 불만 가중

  * 출처: '22. 2. 27. 뉴욕타임즈('22. 2. 28. 세계일보)[58]

러: "푸틴에 속았다…훈련인 줄"우크라이나에 잡힌 러. 군인 절규
- 우크라이나 국방부는 소셜네트워크서비스(SNS)를 통해 정부군에 잡힌 러시아군 포로들의 영상을 공개. 이들은 모두 "이곳이 우크라이나인 줄 몰랐다"며 "푸틴에게 속았다"고 주장
- 한 러시아군은 "훈련인 줄 알았다. 침공에 대해 알지 못했다."며 "우리는 모두 속았다."고 말함.

  * 출처: '22. 2. 28. 동아일보[59]

---

58 세계일보 2. 28. https://www.segye.com/newsView/20220228514734 (검색일 2022. 5. 23.)

59 동아일보 2. 28. https://www.joongang.co.kr/article/25051810#home (검색일 2022. 5. 23.)

러: 전쟁 목적에 대한 혼란스러움. 훈련이 아니라 전쟁이라는 것을 알게 되고 나서는 항복
- 블라디미르 푸틴 러시아 대통령이 전쟁에 목적에 대하여 병사들을 납득시키기 위한 노력을 거의 하지 않았다고 주장
- 크렘린궁은 '전쟁'이란 용어 대신 '특별작전'을 언급하며, 승리에 필요한 대가와 희생의 중요성을 감추려 했음.

* 출처: '22. 3. 1. 워싱턴포스트(22. 3. 2. YTN)[60]

우: 타임지, 2022 '올해의 인물'에 젤렌스키 대통령
- 타임지는 젤렌스키 우크라이나 대통령과 '우크라이나 정신'을 2022년 올해의 인물로 선정
- 22년 2월 24일 러시아의 침공 이후 매일 연설을 했고, 우크라이나뿐만 아니라 전 세계 시민들과 정부들이 그를 따르게 함.

* 출처: '22. 12. 7. 뉴욕 타임지('22. 12. 8. 서울신문)[61]

표-6. '소통' 관련 사례 보도결과

|의미| 소통은 원활한 임무 수행뿐 아니라 구성원 간의 신뢰 구축에도 중요하다. 원활한 소통을 통해 리더와 구성원 간에 정신적 유대가 강화되고 상호 신뢰를 형성하여 정서적 만족감을 높여줌으로써 임무 달성을 용이하게 한다. 위의 사례에서 보는 것처럼 부정확하고 왜곡된 소통은 불신을 낳는다. 리더는 조직 내 원활한 소통을 막는 걸림돌을 제거하고, 신뢰를 바탕으로 한 상호작용을 촉진해야 한다.

---

60 YTN 3. 2. https://www.yna.co.kr/view/AKR20220302157500009 (검색일 2022. 5. 23.)

61 서울신문 12. 8. https://www.segye.com/view/20221208500646 (검색일 2022. 12. 8.)

동기부여

|정의| 목표 달성을 위해 구성원의 의욕과 열정을 불러일으키는 것
|식별된 사례|

러:러시아, 우:우크라이나, 이: 이스라엘

보도결과

우: 고국 구하려 악기 던지고 총 들었다…서울팝스 단원 3인 우크라로 떠나
 - 20년간 서울 팝스오케스트라에서 콘트라베이스를 연주해온 우크라이나인 주친 드미트로 등 3명이 러시아군 침략에 맞서기 위해 고국으로 떠남.

* 출처: '22. 3. 2. 매일경제[62]

이: 예비군 연령 넘겼지만… 이스라엘 56세 경영인 "두 아들과 입대"
 - 아들 둘과 함께 군복무를 자원한 기업가 노암 라니르(56)는 "1973년 욤키푸르 전쟁(제4차 중동전쟁)에서 아버지와 삼촌, 사촌을 잃었다."면서 "이제는 제가 싸울 시간이 왔다."고 전했다.

* 출처: '23. 10. 10. WP('23. 10. 11. 중알일보)[63]

---

[62] 매일경제 3. 2. https://www.mk.co.kr/today- paper/view/2022/5104113/ (검색일 2022. 5. 23.)

[63] 중앙일보 10. 11. https://www.joongang.co.kr/article/25198517 (검색일 2023. 10. 11.)

이: 예비군 36만 명 소집령, 국외 이스라엘 청년들 속속 귀국
- 하마스 공습 이후 항공편이 결항하면서 이틀 이상 세계 각지 공항에 발이 묶였던 이스라엘인들은 가까스로 탑승권을 손에 쥐고 환호하며 손뼉 치며 기뻐했다. 전쟁 중인 조국으로 돌아가기를 두려워하지 않았다.

* 출처: '23. 10. 9. WP('23. 10. 11. 동아일보)[64]

우: 동부 최전방 격전지 방문한 젤렌스키…"자신감 얻었다."
- 바흐무트·리시찬스크 등 동부 돈바스 지역 전장 방문, 마리우폴 떠나온 피란민 가족 만나

* 출처: '22. 6. 6. 한국일보[65]

러: 군대 안 가려고…러시아 男 보트 타고 美알래스카 망명
- 러시아인 2명이 강제 징집을 피하기 위해 러시아 동부 해안에서 소형 보트를 타고 러시아 동쪽 끝 지역인 추코트카에서 약 58km 떨어진 알래스카 주 세이트로렌스섬으로 망명 신청

* 출처: '22. 10. 6. AP통신('22. 10. 7. 헤럴드경제)[66]

---

[64] 동아일보 10. 11. https://www.donga.com/news/article/all/20231011/121616887/1 (검색일 2023. 10. 11.)

[65] 한국일보 6. 6. https://m.hankookilbo.com/News/Read/A2022060618160001735 (검색일 2022. 6. 7.)

[66] 헤럴드 경제 10. 7. http://biz.heraldcorp.com/view.php?ud=20221007000106 (검색일 2022. 10. 7.)

러: 푸틴 동원령 3주 차…러 탈출한 젊은 남성 '30만 명'
- 러시아와 육로로 연결된 주변국과 직항편이 열려 있는 터키 등에서 발표하거나 수집된 러시아인 입국자 수를 종합할 때, 예비군 부분 동원령 이후 전투 가능 연령대 남성 30만 명이 해외로 도피했다고 분석

* 출처: '22. 10. 9. 독일 DPA통신('22. 10. 9. 한국경제 TV)[67]

표-7. '동기부여' 관련 사례 보도결과

|의미| 동기부여되지 못한 구성원은 조직 목표 달성에 소극적이다. 위 사례에서 보듯 생명의 위험을 알면서도 전쟁터로 향하기 위해 귀국하는 국민이 있는가 하면, 그 위험이 무서워 탈출하는 국민도 있다. 이렇게 확연이 다른 분위기는 동기 부여에 달려있다. 평시에 동기 부여가 되어있다면 소중한 가치가 위협받을 때 행동으로 이어질 수 있다. 그러므로 정치지도자를 포함한 리더는 전시와 평시를 막론하고 조직 가치 달성을 위해 구성원들이 의욕과 열정을 불러일으키도록 성취동기를 지속적으로 부여해야 한다.

---

67 한국경제 TV 10. 9. https://www.wowtv.co.kr/NewsCenter/News/Read?articleId=A202210090037 (검색일 2022. 10. 10.)

신뢰구축

|정의| 구성원의 마음을 얻어 서로 굳게 믿고 의지하는 관계를 정립하는 것
|식별된 사례|

러:러시아, 우:우크라이나,

보도결과

우: "결코 버려두지 않는다."... 러시아에 납치됐던 우크라이나 시장 구출 성공
  - 납치되었던 멜리토풀의 시장 구출 작전에 성공 "우리는 결코 우리 사람들을 버려두지 않는다."

    * 출처: '22. 3. 16. CNN('22. 3. 17. 매일경제)[68]

러: 러, 자국군 시신 수습까지 우크라에 떠넘기나..."전사자 방치돼"
  - 퇴각한 러시아, 자국 전사자 시신 방치. 전사자의 시신을 수습하는 일은 조국을 위해 희생된 군인을 위한 최소한의 예우로 이뤄지지만, 러시아는 크게 관심이 없는 모양으로 보임.
  - 우크라이나 정보기관은 러시아가 동부 도네츠크 지역에서 자국군 전사자 시신을 무더기로 집단매장하는 정황이 담긴 러시아군 병사의 통화내용을 감청했다고 주장

    * 출처: '22. 5. 11. AFP 연합뉴스('22. 5. 12. 서울신문)[69]

---

[68] 매일경제 3. 17. https://www.mk.co.kr/news/world/view/2022/03/245229/ (검색일 2022. 5. 23.)

[69] 서울신문 5. 12. https://www.seoul.co.kr/news/newsView.php?id=20220512500040 (검색일 2022. 5. 23.)

우: 82일간의 목숨을 건 사투…아조우스탈 제철소에 갇힌 우크라이나군 구출
  - 제철소에 갇혀있던 우크라이나군 600여 명, 82일간 사투 끝에 구출
  - 우크라이나 군 당국은 마리우폴에 위치한 모든 병력은 최고군 사령부가 승인한 작전을 시행했으며 600여 명가량의 우크라이나군이 구출됐다고 전함.

* 출처: '22. 5. 17. 조세일보[70]

표-8. '신뢰구축' 관련 사례 보도결과

|의미| 구성원, 국민이 자신의 리더와 국가 지도자, 국가를 신뢰하는 것은 매우 중요한 전쟁 수행의 원천이다. 이러한 신뢰는 거저 주어지는 것이 아니다. 위 사례처럼 리더, 국가 지도자, 국가와 군이 제 역할을 제대로 수행하면 그들을 신뢰하고, 전사자와 전투원들을 방치하는 등 구성원들의 믿음대로 행동하지 못하면 그들은 신뢰를 철회한다. 그러므로 리더는 구성원의 신뢰를 획득하기 위해 노력하고 갈등을 적시에 관리해야 한다.

---

70 조세일보 5. 17. http://m.joseilbo.com/news/view.htm?newsid=454947#_enliple (검색일 2022. 5. 23.)

제3절 전장리더십 관점의 3가지 교훈

공신력 있는 국내·외 언론을 통해 전장리더십의 요소들을 분석했다. 그러나 이러한 접근방식은 현재진행형인 '러시아-우크라이나 전쟁', '이스라엘-하마스 분쟁'을 분석하는 여러 방법 중의 하나에 불과하다. 비록 제시한 언론 보도내용이 모두 사실이라 하더라도 이 전쟁의 모든 것을 설명할 수 없다. 언론에 보도되지 않은 보이지 않는 영역은 더 많을 것이다. 그럼에도 불구하고 언론 보도를 통해 전장리더십을 분석하는 과정은 향후 무형전투력의 교훈을 분석하는데 큰 의미가 있다. 이러한 분석을 통해 확인한 3가지 교훈은 다음과 같다.

전투력 발휘에 가장 핵심적인 인간 영역 (Human Dimension)의 중요성

과학기술과 무기체계의 경이로운 발전에도 불구하고 전투의 승패를 좌우하는 결정적인 요인이 '사람'임을 확인할 수 있었다. 러시아군은 상대적으로 우세한 유형 전투력에도 불구하고, 전투 의지가 약화되고 사기가 저하되어 집단 항복하거나 전장 이탈을 위해 자해하고, 상관 명령에 불복종하는 모습을 보이고 있다. 반면 우크라이나 장병들은 위국헌신, 책임완수, 군인정신, 군기, 전사다움의 모습을 강인하게 표출함으로써 대국민뿐 아니라 국제적 신뢰를 받고 있다. 이러한 전투원의 상태는 곧바로 전투결과에 직접적으로 영향을 미친다. 이는 우크라이나 군이 상대적으로 열세인 유형 전투력에도 불구하고 놀라운 저항의 모습을 보여주는 원인이라고 분석할 수 있다.

전쟁과 전투결과에 영향을 미치는 지도자(리더)의 역할

 전쟁과 전투의 승패를 좌우하는 결정적 요인이 '사람'이지만 역시 그 중에서도 정치지도자, 군 리더의 리더십은 전쟁 수행과 전투력에 직접적으로 영향을 미친다는 것이 여실히 증명됐다. 특히 우크라이나 대통령은 전사다움, 솔선수범, 소통, 군인정신을 실천하여 국제지원을 유도하고 국민적 항전 및 전투 의지 고양에 성공하고 있는 것으로 평가된다.

전시 전장리더십을 위해서는 평시에
전장리더십을 함양하는 것이 중요

 '러시아-우크라이나 전쟁', '이스라엘-하마스 분쟁'을 전장리더십 관점으로 분석하여 전장리더십의 중요성이 증명됐다. 전시에 올바른 전장리더십이 발휘되기 위해서는 평시에 전장리더십을 함양하는 것이 중요하다. 전투의 특성과 전장에서의 심리 현상이 인간에게 미치는 부정적 영향은 최소화하고, 최대한 순기능적으로 작용하기 위한 사전준비와 현장조치 등 리더의 전장리더십이 제대로 발휘되도록 평시에 노력해야 한다.
 러시아군, 이스라엘군, 하마스가 노출한 가치 미정립, 윤리의식의 부재, 전투의 특성과 심리 현상에 대한 리더의 사전준비 및 현장조치 미흡

등은 집단 성폭행, 집단학살 등 범죄행위로 연결되었고 이는 국제적 지지 획득 실패와 연결되고 있다. 반면, 전쟁 초기의 우크라이나군은 조국 수호라는 가치가 신념화되고 리더들이 동기 부여, 신뢰 구축, 전사 육성에 성공함으로써 전투참여를 위한 자진 귀국, 결사 항전의 저항 등으로 연결되어 국제적으로 깊은 울림을 선사했다.

제4절 결론

공신력 있는 국내·외 언론에 보도된 내용(망라 기간: '22년 2월~'24년 10월)을 중심으로 전장리더십을 분석했다. 전투결과에 직·간접적으로 영향을 주는 전장리더십 핵심요소들이 언론 보도 속에서 실제로 식별되는지 분석했다. 이를 바탕으로 전장리더십 관점에서 '러시아-우크라이나 전쟁', '이스라엘-하마스 분쟁'의 교훈을 도출하고, 전투결과에 영향을 미치는 전장리더십을 평시에 함양할 수 있는 방안에 대해 제언했다. 이러한 연구를 통해 확인된 연구결과는 다음과 같다.

먼저, **여러 국내·외 언론의 보도내용 속에서 전장리더십의 8개 핵심요소를 식별할 수 있다.** 전투결과에 직·간접적으로 영향을 미친 8개 핵심요소의 중요성을 인식할 수 있는 언론 보도의 구체적 내용과 분석내용을 제시했다. 둘째, 전장리더십의 3가지 관점에서 두 개의 전쟁을 분석했다. ① 발전하는 전술·장비·무기체계 속에서도 전투력 발휘에 가장 핵심적인 역할을 하는 인간 영역(Human Dimension)의 중요성, ② 전쟁과 전투결과에 영향을 미치는 지도자(리더)의 역할, ③ 전시에 전장리더십 발휘를 보장하기 위해서는 평시 전장리더십 함양의 중요함을 강조한 것이다.

전장리더십은 전투수행기능을 통합하고, 촉진함으로써 전투승리를 달성하게 해주는 요소로, 육군 전투력을 결정짓는다. 이 연구결과를 통해 전 장병이 전장리더십의 중요성을 인식하고 평시에 전장리더십을 함양하기 위해 노력하는 계기가 되길 기대한다.

참고문헌

1. 연구논문

- 윤여표, "전장리더십이 전투력에 미치는 영향에 관한 연구", 「대전대학교 대학원 군사학과」 박사학위 논문, 2015.

2. 관련교범 및 서적

- 육군본부 기준교범 1 『지상작전』. 2021.
- 육군본부 기준교범 8-0 『육군 리더십』. 2021.

3. 기타

- 경향신문 2. 27. https://www.khan.co.kr/world/world- general/article/202202271744011 (검색일 2022. 5. 23.)
- 경향신문 3. 14. https://m.khan.co.kr/world/world- general/article/202203141653001#c2b (검색일 2022. 5. 23.)
- 동아일보 2. 28. https://www.joongang.co.kr/article/25051810#home (검색일 2022. 5. 23.)
- 동아일보 6. 11. https://www.donga.com/news/Inter/article/all/20220611/113888109/1 (검색일 2022. 7. 4.)
- 레디앙 국방칼럼 5. 10. http://www.redian.org/archive/ (검색일 2022. 5. 23.)
- 매일경제 2. 16. https://www.mk.co.kr/news/world/view/2022/02/183780/ (검색일 2022. 5. 23.)
- 매일경제 3. 2. https://www.mk.co.kr/today- paper/view/2022/5104113/

- (검색일 2022. 5. 23.)
- 매일경제 3. 17. https://www.mk.co.kr/news/world/view/2022/03/245229/(검색일 2022. 5. 23.)
- 매일경제 3. 23. https://www.mk.co.kr/news/world/view/2022/03/265940/(검색일 2022. 5. 23.)
- 매일경제 5. 30. https://www.mk.co.kr/news/world/view/2022/05/474859/(검색일 2022. 6. 7.)
- 머니투데이 3. 2. https://news.mt.co.kr/mtview.php?no=2022030206405955423 (검색일 2022. 5. 23.)

3. 기타

- 머니투데이 5. 23. https://news.mt.co.kr/mtview.php?no=2022052307304495253 (검색일 2022. 5. 23.)
- 서울경제 3. 4. https://www.sedaily.com/NewsView/2638ZI04KW (검색일 2022. 5. 23.)
- 서울신문 5. 12. https://www.seoul.co.kr/news/newsView.php (검색일 2022. 5. 23.)
- 서울신문 9. 16. https://www.seoul.co.kr/news/newsView.php?id=20220916500017 (검색일 2022. 9. 17.)
- 세계일보 2. 28. https://www.segye.com/newsView/20220228514734(검색일 2022. 5. 23.)
- 소비자평가 5. 26. http://www.iconsumer.or.kr/news/articleView.html?idxno=24573 (검색일 2022. 5. 27.)

- 연합뉴스 3. 2. https://www.yna.co.kr/view/AKR20220302012600080 (검색일 2022. 5. 23.)
- 조선일보 10. 15. https://www.chosun.com/international/international_general/2022/10/15/ (검색일 2022. 10. 16.)
- 조세일보 5. 17. http://m.joseilbo.com/news/ (검색일 2022. 5. 23.)
- 중앙일보 3. 20. https://www.joongang.co.kr/article/25056706#home (검색일 2022. 5. 23.)
- 중앙일보 5. 24. https://www.joongang.co.kr/article/25073645 (검색일 2022. 5. 24.)
- 중앙일보 10. 16. https://www.joongang.co.kr/article/25109489#home(검색일 2022. 10. 16.)
- 한국경제 TV 10. 9. https://www.wowtv.co.kr/NewsCenter/News/ (검색일 2022. 10. 10.)
- 한국일보 4. 1. https://www.hankookilbo.com/News/Read/A2022033110020001796 (검색일 2022. 5. 23.)
- 한국일보 6. 6. https://m.hankookilbo.com/News/Read/A2022060618160001735 (검색일 2022. 6. 7.)
- 한겨레 5. 24. https://www.hani.co.kr/arti/international/international_general/1044085.html (검색일 2022. 5. 25.)
- 헤럴드 경제 3. 2. http://news.heraldcorp.com/view.php?ud=20220302000976 (검색일 2022. 5. 23.)
- 헤럴드 경제 10. 7. http://biz.heraldcorp.com/view.php?ud=20221007000106 (검색일 2022. 10. 7.)

- BBC 3. 25. https://www.bbc.com/korean/international-60831834
  (검색일 2022. 5. 23.)
- BBC 5. 7. https://www.bbc.com/korean/features-61360134
  (검색일 2022. 5. 23.)
- BBC 5. 9. https://www.bbc.com/korean/news-61343703
  (검색일 2022. 5. 23.)
- BBC 5. 13. https://www.bbc.com/korean/international-61433171
  (검색일 2022. 5. 23.)
- JTBC 10. 6. https://news.jtbc.co.kr/article/article.aspx?news_id=NB12082270
  (검색일 2022. 10. 6.)
- YTN 3. 2. https://www.yna.co.kr/view/AKR20220302157500009
  (검색일 2022. 5. 23.)
- 서울신문 12. 8. https://www.segye.com/view/20221208500646
  (검색일 2022. 12. 8.)
- 동아일보 10. 11. https://www.donga.com/news/article/all/20231011/121616481/1 (검색일 2023. 10. 11.)
- 중앙일보 10. 11. https://www.joongang.co.kr/article/25198399
  (검색일 2023. 10. 11.)
- 중앙일보 10. 11. https://www.joongang.co.kr/article/25198517
  (검색일 2023. 10. 11.)
- 동아일보 10. 11. https://www.donga.com/news/article/all/20231011/121616887/1

(검색일 2023. 10. 11.)

• 중앙일보 10. 18. https://newsis.com/view/NISX202312018_0002487069

　(검색일 2023. 10. 19.)

제4장

제4차 산업혁명의 핵심기술과 연계한 군 리더십 발전방안

제1절 서 론
제2절 리더십에 활용 가능한
　　　 제4차 산업혁명 핵심기술
제3절 『육군 리더십 발전 아키텍처』와
　　　 제4차 산업혁명 기술 적용
제4절 결 론

요약

수단이 목적과 본질을 이끌 수 있을까? 제4차 산업혁명 파고는 이미 시작됐다. 빅데이터와 AI(인공지능), 클라우드 컴퓨팅, 뇌과학과 연계된 생체인식기술, VR·AR·MR 기술 등이 그것이다. 특히 AI의 발전은 경이로운 수준을 벗어나 무서울 정도가 됐다. 가히 수단이 목적과 본질을 이끌고 있는 상황이 펼쳐지고 있는 듯하다.

제4차 산업혁명 기술은 산업현장에만 적용되는 것은 아니다. 인간 영역(Human Dimension) 중 특히 '리더십' 분야에 제4차 산업혁명의 핵심기술을 적용할 수 있는 방안에 대해 고민했다.

리더십 분야 적용 범주를 진단, 교육, 발휘로 구분하고 각 분야별로 핵심기술을 적용하는 실질적 방안을 고민했다. '진단분야'에 있어서는 클라우드 컴퓨팅 기술과 블록체인의 정보개방성 개념을 도입하고 빅데이터 기반과 뇌과학과 연계된 생체인식 기술을 진단체계에 접목하는 방안을 제안했다. 또한 '리더십 교육'분야에 있어서는 업그레이드된 e-러닝 적응학습을 도입하고, 다양한 전장리더십 체험훈련과 온라인 화상프로그램을 활용한 리더십코칭 후속조치, 병영상담 기법 향상훈련 등을 제안했다. '리더십 발휘'분야를 위해 부하의 심리파악을 통한 호감·신뢰·감동을 증진해야 한다. 리더의 상황판단 및 의사결정 지원, 분권화된 지휘환경에서 비대면 의사소통 확대 방안, 가상 극한 상황 극복을 통한 회복탄력성 향상을 대안으로 제시했다.

*주요 용어

빅데이터와 AI(인공지능), 클라우드 컴퓨팅, AI 참모, 뇌과학과 연계된 생체인식기술, VR·AR·MR 기술, 리더십 진단·교육·발휘

제1절 서 론

사회는 제4차 산업혁명[71]으로 대변되는 격동의 변화 속에 있다. 우리 군이 직면하게 될 미래전장 환경 또한 제4차 산업혁명의 영향으로 과학기술과 무기체계의 획기적인 발전이 이루어지고 있다. 이로 인해 군의 리더가 수행해야 할 지휘·통제·관리 범위도 과거에 비해 광범위하게 확대되었고 복합적이고 복잡해졌다.

이러한 과학기술과 무기체계의 경이적인 발전에도 불구하고 수많은 전사(戰史)는 전쟁의 성패를 좌우하는 결정적인 요인이 사람임을 증명하고 있다. 그러므로 더욱 복잡해지는 미래전장의 환경변화에서 인간 영역(Human Dimension)[72]의 중요성은 더욱 증대될 수밖에 없다. 인간 영역의 핵심은 리더다. 미래전장에 필요한 리더를 육성하고 리더십을 개발하는 것은 육군에 있어 너무나 중차대한 임무라 할 수 있다.

---

71 인공지능(AI), 사물 인터넷(IoT), 빅데이터, 모바일 등 첨단 정보통신기술이 경제·사회 전반에 융합되어 혁신적인 변화가 나타나는 것으로 초연결(hyperconnectivity), 초지능(superintelligence)을 특징으로 하는 차세대 산업혁명(클라우스 슈밥, 「제4차 산업혁명」(2016)을 기초로 정리)

72 인간 영역(Human Dimension)이란 미래 전장환경에서 전쟁의 승패를 결정짓는 주체가 물질적 요소가 아닌 사람이라는 판단 하에 인적자원을 식별·선발, 교육·개발, 운용, 유지와 최적의 통합으로 개인 및 팀의 직무수행 능력을 극대화 할 수 있도록 인지적·물리적·사회적 요소의 능력을 더욱 증강시키는 개념

이미 시작된 제4차 산업혁명과 '부카(VUCA)'[73] 시대의 급격한 변화에 기민하게 대응하지 못하는 개인과 조직은 도태되기 마련이다. 환경변화에 대처한 종(種)만이 살아남는다는 것은 보편적 진리이다.

한 예로 인도양 모리셔스섬에서 살았던 '도도새'는 천적이 없어지면서 점점 날개가 퇴화되어 날지 못하게 되었고, 마침내 16세기에 인간이 그 섬에 상륙하여 손쉽게 사냥하면서 멸종되고 말았다.

그림-1. 변화에 적응하지 못해 도태된 도도새와 변화에 적응한 오리너구리

반면 중생대 초기 포유류로 출현한 '오리너구리'는 천적을 피하고 다양

---

73 미래사회는 빛의 속도로 변하는 첨단기술과 초(超)연결사회로 Volatility(변동성), Uncertainty(불확실성), Complexity(복잡성), Ambiguity(모호성)로 특정되어짐. (제롬 글랜, 「일자리 혁명 2030」 (2017)을 기초로 정리)

한 먹이활동을 위하여 수중과 육상생활이 모두 가능하도록 환경변화에 지속적으로 적응함으로써 1억 6천만 년 간 생존할 수 있었다.

본(本) 연구는 이러한 문제인식에서 출발했다. 사회 전반에 광범위한 영향을 미치고 있는 제4차 산업혁명의 핵심기술들이 리더십에 미치는 파급효과를 연구·분석하여 이를 우리 육군의 리더십 발전에 실질적으로 활용할 수 있도록 하는 구체적 방안을 제시했다.

연구범위는 『육군 리더십 발전 아키텍처』[74]의 네 가지 분야 중 '리더십 진단', '리더십 교육', '리더십 발휘' 분야를 선정하여 즉각 및 중·장기적으로 적용 가능한 구체적 발전방안을 제시했다.

---

74 리더십·인성·상담·임무형지휘 발전을 위한 개념을 선행 연구하고, 이를 토대로 수준을 진단하여 교육소요를 도출한 후, 최적의 방법으로 교육하고 환류하는 육군리더십센터의 임무수행체계이다.

제2절 리더십에 활용 가능한 제4차 산업혁명 핵심기술

빅데이터(Big Data)와 인공지능(AI)

'빅데이터(BigData)'란 일반적인 데이터베이스 소프트웨어가 저장, 관리, 분석할 수 있는 범위를 초과하는 규모의 데이터(MacKinsey, 2011)로 향상된 시사점과 더 나은 의사결정을 위해 사용되는 고효율의 혁신적이고 대용량, 고속 및 다양성을 가진 정보자산으로 정의(Gartner, 2012)된다.

앞에서 언급했듯이 미래사회는 변동·불확실·복잡·모호성이 정상(Normal)으로 간주되는 '부카(VUCA)'의 시대로 위험, 마찰, 역동성이 증가하는 전장에서는 이러한 문제가 특히 두드러지게 나타날 것이다.

인지심리학자인 게리 클라인은 사람들이 어떻게 상황을 파악하고 결정을 내리며, 문제를 해결하는지를 40년간 연구하여 크게 두 가지 분야로 구분했다. 첫 번째는 사실과 데이터를 근거로 하는 분석적 의사결정이고, 두 번째는 경험·관찰을 통해 축적된 멘탈 데이터베이스로부터 나오는 직관적 의사결정이다. 여기에서 탁월한 직관을 얻을 수 있는 방법으로 과거-현재-미래에 대한 이해와 유추의 힘이 중요함을 강조하였는데, 이것이 '빅데이터'이다. 또한 과거에는 탁월한 리더의 개인적인 직관능력으로 치부하던 의사결정 능력을 데이터화 하여 그 능력을 공유하고 훈련한다면 누구나 신속하게 더 나은 의사결정을 내리는 탁월한 리더가

될 수 있다고 했다.[75]

'빅데이터'는 군 리더들이 직면하게 되는 정보의 홍수 속에서 임무완수에 필요한 정보를 빠른 속도로 분석·추출하여 제공할 수 있으며, 이를 통해 상황파악 시간을 단축하고 올바른 의사결정과 리더십 발휘에 상당한 도움을 줄 수 있다. 또한 '빅데이터'는 '인공지능(AI)'의 발전에도 획기적인 영향을 미친다. 특정 전문분야에 대한 방대한 자료가 축적되면 그 데이터로부터 지속적으로 학습이 이루어지고(Deep Learning) 이를 통해 '인공지능'은 더욱 합리적으로 추론할 수 있는 능력이 생긴다. 이는 복잡한 상황에 처한 리더에게 신속·정확하게 더 나은 의사결정을 할 수 있도록 지원해준다.

그림-2. 리더십에 활용 가능한 제4차 산업혁명의 핵심기술들

---

75   게리 클라인 저서 『인튜이션』(2012.)을 기초로 정리

클라우드 컴퓨팅(Cloud Computing)[76]

'클라우드 컴퓨팅(Cloud Computing)'은 개인이 다양한 단말기를 이용해 대형 서버(클라우드)에 저장된 프로그램이나 자료를 표준프로토콜과 웹브라우저로 접속해 원하는 작업과 학습을 수행할 수 있는 사용자 중심 컴퓨터 환경이다.[77] '클라우드 컴퓨팅(Cloud Computing)'의 발달은 공간 제한을 극복하고 접근성과 상시 가용성을 향상시켰다.

우리 육군의 리더개발체계[78]의 3가지 핵심 축인 학교교육-부대훈련-자기개발에서 '클라우드 컴퓨팅(Cloud Computing)'은 학교교육과 자기개발을 위한 학습 플랫폼을 구축하는데 중요한 핵심기술이 될 수 있다.

기타 핵심기술

뇌과학과 연계된 생체인식(Biometrics)[79] 기술의 발달은 기존의 설문이

---

76 IBM에서는 '웹 기반 응용 소프트웨어를 활용해 대용량 데이터베이스를 인터넷 가상공간에서 분사 처리하고, 이 데이터를 다양한 단말기에서 불러오거나 가공할 수 있게 하는 환경', Google에서는 '사용자 중심, 업무 중심의 수백 또는 수천 대의 컴퓨터를 연결하여 단일 컴퓨터로는 불가능한 풍부한 컴퓨팅 자원을 활용할 수 있도록 하는 기술'로 정의(이강원, 손호웅, 『지형 공간정보체계 용어사전』, 2016)

77 이강원, 손호웅, 『지형 공간정보체계 용어사전』, 구미서관, 2016.01.03.

78 우리 육군의 리더개발체계는 정책·제도를 바탕으로 부대훈련, 학교교육, 자기개발의 3가지 축으로 이루어진다.

79 사람의 측정 가능한 신체적, 행동적 특성을 추출하여 비교·확인하는 기술로

나 인터뷰, 관찰을 통해서만 획득하던 대상에 대한 정보를 더욱 완전하게 보완할 수 있다. 실제 예로 민간기업 직원 채용 시 웨어러블 기기로 피부색·혈류량의 변화, 근육 움직임 등을 측정하여 인터뷰의 진위 여부를 검증하는 등 생체인식기술을 면접에 활용하고 있기도 하다.[80] 우리 군에서도 상담이나 면접, 자가진단식 설문을 할 때 생체인식기술을 활용한다면 좀 더 높은 신뢰성을 담보할 수 있을 것이다.

VR·AR·MR[81] 기술은 평시에는 경험할 수 없는 전장상황과 같은 극한 상황을 조성하거나, 상담기법 등 자신의 능력을 개발할 필요가 있는 분야에서 간접경험을 반복적으로 체험하게 할 수 있다. VR·AR·MR 기술을 활용하여 실제 위험은 감소시키고 시간과 노력을 절약함으로써 군 리더의 리더십 향상을 효과적으로 지원할 수 있다.

신체정보는 지문인식, 홍채인식, 망막인식, 안면인식 등이, 행위특성에는 음성인식, 서명 등이 있다.(이강원, 손호웅, 『지형 공간정보체계 용어사전』, 2016)

80 www.midasit.com. (검색일: 2019.4.19.) Midas IT(마이다스아이티)社의 인재채용 안내 참조

81 Virtual Reality(가상현실: 컴퓨터로 만들어 놓은 가상의 세계에 사람이 실제와 같은 체험을 할 수 있는 기술), Augmented Reality(증강현실: 현실세계 모습에 3차원 가상 이미지를 추가하여 하나의 영상으로 보여주는 기술), Mixed Reality(혼합현실: AR과 MR을 혼합한 것으로 현실과 가상을 결합하여 실물과 가상이 공존하는 새로운 환경을 만들고 사용자가 해당 환경과 상호작용하여 디지털 정보를 보다 실감나게 체험하는 기술)『지형 공간정보체계 용어사전』

제3절 『육군 리더십 발전 아키텍처』와 제4차 산업혁명 기술 적용

『육군 리더십 발전 아키텍처』

『육군 리더십 발전 아키텍처』는 육군리더십센터가 '육군 리더상'과 '육군 리더십 모형(Warrior모형)'에 근거하여 효과적으로 임무를 완수하기 위해 정립한 업무수행체계이다. 이는 '진단-연구개발-교육'의 선순환체계로 구성되며, 야전의 리더들이 리더십을 개발하고 발휘하는 것을 지원할 수 있는 최적화된 환류체계이다.

이를 구체적으로 설명하면 첫째는 리더십·인성·상담·성인지 수준 진단 결과를 토대로 교육소요를 도출하는 '리더십 진단' 분야이다. 둘째는 교육에 필요한 프로그램과 콘텐츠를 연구개발하는 '리더십 연구개발' 분야이다. 세 번째는 최적의 방법으로 교육을 실시하는 '리더십 교육' 분야이며, 네 번째는 이를 야전과 현장에서 적용하는 '리더십 발휘' 분야이다.

그림-3. 『육군 리더십 발전 아키텍처』

본고에서는 다른 분야와 소요가 중복되는 '연구개발' 분야는 제외하고 '리더십 진단', '리더십 교육', '리더십 발휘' 분야에 제4차 산업혁명 핵심기술이 어떻게 활용될 수 있는지를 연구하여 구체적인 방안을 제시하고자 한다.

리더십 진단

현실태

우리 육군은 2012년부터 '리더십 진단 체계(Ver. 1.0)'를 운용하여 초급 및 중견 지휘관인 중·소대장, 대대장들의 리더십 자질과 역량을 진단하여 육군의 핵심 리더들이 자신의 리더십을 인식하고 성찰하여 스스로 리더십을 개발하도록 유도하고 있다. 또한 리더십 진단체계에 대한 지속적 성능개선을 통해 맞춤형 피드백이 가능하도록 체계를 보완하였고(Ver. 2.0), 2024년 현재 장군지휘관, 여단장, 사단 이하 참모, 부사관, 군무원까지 확대하여 리더십을 진단하고 있다.

그림-4. 온라인 육군 리더십 진단체계 운용 개념

그러나 現 '리더십 진단 체계'는 육군 모든 간부가 진단을 받는 것은 아니며, 인트라넷 기반의 진단체계라는 속성상 편의성과 접근성이 제한되는 한계가 있다.

리더십 진단체계 발전방안

향후 우리 육군의 리더십 진단체계는 인트라넷 기반에서 인터넷 기반의 리더십 진단 서비스를 제공함으로써 편의성과 접근성을 제고하는 방향으로 나가야 한다. 인터넷 기반의 리더십 진단체계를 구현하기 위해서는 다음과 같은 몇 가지 문제를 해결해야 하는데 여기에 제4차 산업혁명의 핵심기술인 '클라우드 컴퓨팅(Cloud Computing)'과 '블록체인(Blockchain)' 기술이 요긴하게 활용될 수 있다.

'**클라우드 컴퓨팅(Cloud Computing)' 기술**은 서브인 '국방통합데이터센터'에서 인트라넷으로 제공되는 '리더십 진단체계'를 현재 육군에서 활용 중인 '리더십 스마트폰 앱'으로 이용할 수 있게 하여 '리더십 진단'에 대한 편의성과 접근성을 획기적으로 개선할 수 있다. 말 그대로 '내 손 안의 리더십 진단'이 가능해진다는 것이다.

그림-5. '리더십 스마트폰 앱'을 활용한 인터넷 기반의 리더십 진단

그러나 인터넷 기반의 진단체계로 가기 위해서는 군 조직 특성에 의해 부과되는 보안과 관련된 문제를 먼저 해결해야 한다. 즉 '국방통합데이터센터'에서 인트라넷으로 제공되는 '리더십 진단체계'를 개인이 보유하고 있는 '리더십 스마트폰 앱' 단말기를 이용하여 인터넷으로 사용할 때 보안성이 담보되어야 한다는 것이다.

인터넷 진단체계의 보안성을 담보하기 위해 **'블록체인(Blockchain)'의 '정보 개방성'**[82] **개념**을 보완하여 적용할 수 있다. 이 개념의 적용은 첫째, 개인과 자료의 정보보호를 위해 진단체계 접속 권한을 센터에서 부

---

82 체계상 데이터 처리 정보가 체계에 연결된 모든 노드에 저장되는 특성으로 데이터의 수정, 변경 등의 요청시 다중 노드를 통한 검증이 가능(『지형 공간정보체계 용어사전』)

여하며, 사전에 허가받은 인원이 조건이 만족될 때만 접속이 가능(Smart Contact 기술)하게 한다. 둘째, 개인의 리더십 진단결과는 임관부터 전역할 때 까지 전 생애주기(Life-Cycle)에 걸쳐 암호코드가 부여된 블록의 형태로 저장한다. 셋째, 데이터의 해킹을 방지하기 위해 '블록체인(Blockchain)'의 핵심기술인 '분산형 데이터 저장기술'을 이용해 정보를 공유하고 있는 다중 노드가 데이터의 기록을 검증함으로써 데이터의 위·변조를 차단할 수 있다.

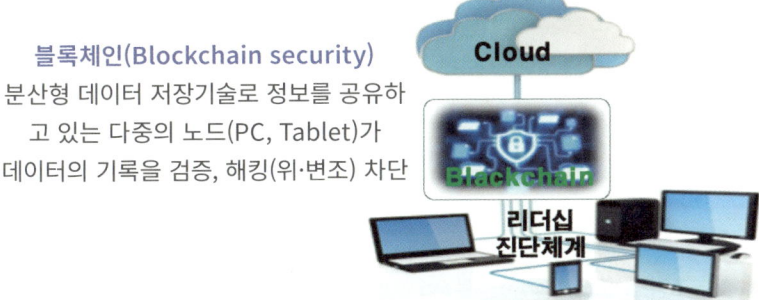

그림-6. '블록체인' 기술 활용 '온라인 리더십 진단체계' 보안성 제고

빅데이터 기반의 리더십 수준 진단체계로 발전: 개인의 군 생활 생애주기(Life-Cycle) 전체를 진단한 결과와 육군 전체 리더십 수준을 진단한 '연례 육군 리더십 수준 진단(CASAL)'[83] 결과를 데이터베이스에 축적함

---

83 연례 육군 리더십 수준진단(CASAL: Center for army leadership Annual Survey of Army Leadership): 특정 시점의 육군 전체(하사- 장군)의 리더십·인성·상담·임무형지휘 수준을 진단하고 그 결과에 기초하여 리더개발 정책·제도 발전방안을 제시하기 위해 매년 단위로 실시하는 진단 방법

으로써 빅데이터화 해야 한다. 개인별로 진단 결과가 누적된 빅데이터는 개인의 군생활 전체기간의 리더십 수준 변화 추이와 강·약점을 분석하여 제공함으로써 맞춤식 리더십 개발을 가능하게 해준다. 육군 전체 수준에서 빅데이터화 된 '연례 육군 리더십 수준 진단' 결과는 육군 차원에서 발전시켜야 할 정책·제도적 함의를 제공할 수 있다.

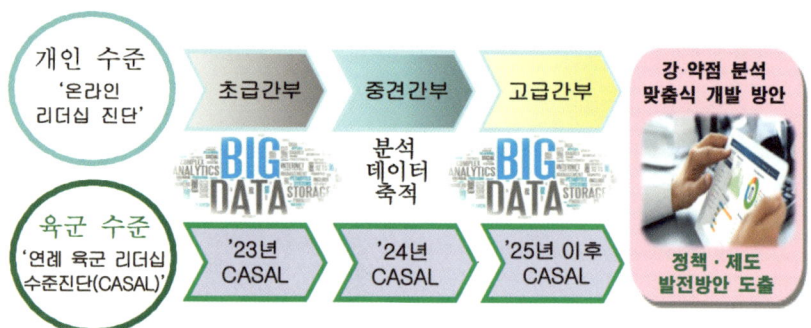

그림-7. 빅데이터 기반의 리더십 수준 진단체계로 발전 개념

개인이나 조직의 정확한 리더십 수준을 파악하기 위해서는 진단 대상자와 참여자의 사실에 근거한 솔직하고 성실한 답변이 가장 중요하다. 그러나 사람의 심리속성 상 본인이나 상급자를 평가할 때 일반적으로 관대화 편향(Self-serving attributional bias)[84]이 나타날 수 있다. 군대라는

---

84 리더십 연구에 의하면 사람들은 일반적으로 본인을 관대하게, 타인은 엄격하게 평가하는 경향이 있다. (Amy H. Mezulis, A MetaAnalytic Review of Individual, Developmental, and Cultural Differences in the Self-Serving Attributional Bias. Psychological Bulletin, Vol.130, 711-747, 2004.)

철저한 위계조직에서는 이러한 편향이 더욱 심각해질 수 있다.

　이러한 편향을 보정하여 진단의 신뢰성을 향상시키기 위해서 **뇌과학과 연계된 생체인식기술(Sensor)**을 활용할 수 있다. 즉 진단 대상자와 참여자가 생체인식 웨어러블 기기를 착용하고 리더십 진단 설문이나 인터뷰에 응할 때 혈압·맥박 변화, 혈류량에 따른 피부색 변화, 안면 근육 움직임, 음성인식 등을 통해 각각의 설문문항에 대한 진위 여부와 신뢰수준을 검증할 수 있다.

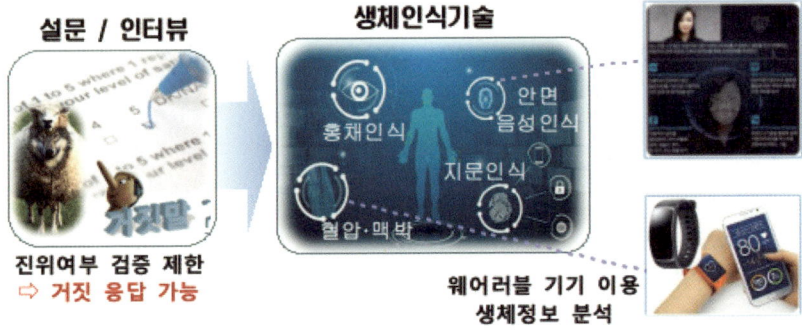

그림-8. 뇌과학& 생체인식기술을 활용한 진단의 신뢰성 제고

'워드 클라우드(Word Cloud)'[85] 기법은 야전 지휘관들의 지휘유형을 분석하여 강점과 약점을 피드백해주고 리더십 분야에 적절한 제언을 해줌으로써 부대를 지휘하는데 도움을 줄 수 있다.

85　문서의 키워드, 개념 등을 직관적으로 파악할 수 있도록 핵심단어를 시각적으로 돋보이게 하는 기법이다. 많이 언급될수록 단어를 크게 표현해 한눈에 들어올 수 있게 하는 기법으로 주로 방대한 양의 정보를 다루는 빅데이터(Big data)를 분석할 때 데이터의 특징을 도출하기 위해 활용한다.(「시사상식사전」, 2015.)

'워드 클라우드(Word Cloud)' 기법을 적용하는 절차는 먼저 해당 지휘관에 대한 활동 데이터베이스(Data base)를 축적해야 한다. 데이터베이스는 해당 지휘관이 작성·결재한 공문이나 보고서, 상황보고·현장지도간 지시 및 강조사항, 시간계획이나 일정 등의 활동사항을 취합함으로써 축적할 수 있다. 여기에 설문·인터뷰를 통한 부하들의 의견과 군사경찰, 감찰 등 기관 조언 등을 추가하면 해당 지휘관의 활동 데이터베이스가 구축된다.

이렇게 축적된 DB를 '워드 클라우드(Word Cloud)' 기법을 적용하여 최다빈도의 중첩·강조된 핵심단어(Key Word) 위주로 순서대로 추출함으로써 해당 지휘관의 지향점과 가치의 우선순위를 식별하여 부대 지휘에 도움이 되는 리더십 제언을 해줄 수 있는 것이다.

현재 '리더십코칭'간 야전 지휘관에게 '워드 클라우드(Word Cloud)' 개념을 적용하여 코칭을 실시하고는 있지만 해당 지휘관의 활동 DB가 제한되는 문제점이 있다. 향후 '평생학습' 개념의 리더십교육체계[86]와 연계하여 개인에 대한 리더십 진단, '리더십코칭' 결과가 축적되어 빅데이터화 되면 '워드 클라우드(Word Cloud)'기법을 적용하여 야전 지휘관들의 리더십 개발을 지원하는데 크게 도움이 될 것이다.

86　초급간부 위주의 現 리더십교육체계를 고급간부로까지 확대함으로써 양성~장군까지 전 생애주기(Life- cycle)에 걸쳐 누락·미흡분야가 없이 교육이 실시되는 체계

그림-9. '워드 클라우드(Word Cloud)' 기법을 이용한 지휘유형 분석 절차

리더십 교육

현실태

육군에서는 '군 리더십' 관련 7개 과목[87]으로 조정·통합하여 초급간부로부터 대령 지휘관리과정까지 18개 학교, 14개 과정에 적용하여 실시하고 있다.

교육내용은 기본 인성을 바탕으로 '나를 알기-타인 알기-리더십 이해-군대 특성·문화 알기-대한민국 알기' 순으로 설정하여 '자기·부하관리, 팀웍 발휘, 위국헌신 군인본분'에 대해 심도 있게 인식하고 실천할 수 있도록 교육 프로그램을 설계했다.

교육방법은 교육생 중심의 '학생주도 학습방법(Flipped-Learning)[88]'

---

87 ① 리더십, ② 군 인성, ③ 병영상담, ④군법/인권, ⑤지휘훈육, ⑥안전문화, ⑦정신교육

88 Flipped Learning은 '거꾸로 학습법', '거꾸로 교실' 등으로 번역되고 있는

을 적용하고 있으며, 이러한 교육방법은 학생들 스스로가 교육의 목적과 필요성을 인식하고 창의성을 발휘하여 자발적으로 문제를 해결할 수 있는 능력을 배양하게 함으로써 야전에서 부하들을 지휘하는데 실질적으로 큰 도움을 주고 있다.

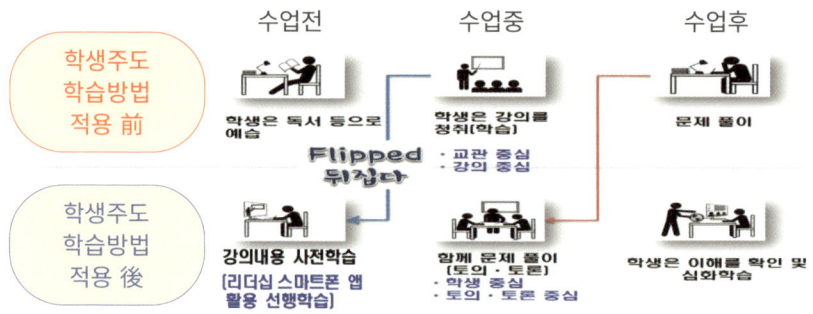

그림-10. 학생주도 학습방법(Flipped- Learning)

그러나 육군 리더십 교육체계를 전체적으로 분석해 보면 보완해야 할 몇 가지 사항들이 있다. 첫 번째가 선행학습 간 제공하는 콘텐츠가 학습자 개개인의 수준과 학습 유형에 맞는 맞춤식 콘텐츠가 아니라 획일화된 콘텐츠를 제공하고 있다는 것이다. 또한 전장리더십과 같은 극한상황에서 리더십을 체험하고 훈련할 수 있는 훈련체계도 미흡하다. 보병학교 등에서 기존의 유격장 및 장애물지대를 응용하여 '전장리더십훈련장'[89]으로 활용하고 있

학생이 주가 되어 실시하는 교육방법으로, 온라인을 통한 선행학습 후에 오프라인 강의를 통해 교수와 토론식 강의를 진행하는 '역진행 수업 방식'

89 전장리더십훈련장은 1920년 독일군에서 시작됐다. 이후 영국군, 미군 등에 전파되어 미군의 LRC(Leader Reaction Course)로 발전했다. LRC는 미군이 최근의 전쟁과 전투를 겪으면서 빈번하게 직면했던 각종 상황과 장애

지만 실전과 유사한 전장상황을 묘사하여 훈련하는 데에는 한계가 있다.

리더십 교육체계 발전방안

업그레이드 된 'e-러닝 적응학습' 도입: '클라우드 컴퓨팅(Cloud Computing)' 기술을 적용하여 온·오프라인이 통합된 '리더십 학습 플랫폼'을 구축해야 한다. 그 다음 학생의 기본정보와 리더십 진단이나 코칭결과를 포함한 학습 D/B를 '리더십 학습 플랫폼' 내의 '적응 엔진(Adaptive-Learning)'에 반영시킨다. 그리고 선행학습을 요청하는 학생에게 '적응 엔진(AI)'에서 개별 학습 D/B를 바탕으로 학생 수준에 적합한 맞춤식 콘텐츠를 제공하는 것이다. 이러한 'e-러닝 적응학습'의 운영 개념을 그림으로 나타내면 그림-11과 같다.

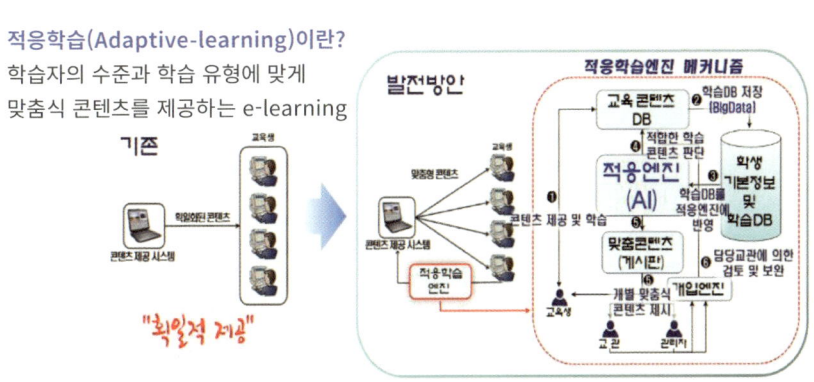

그림-11. '리더십 학습 플랫폼'의 'e-러닝 적응학습' 메커니즘[90]

물을 반영하여 20개 상황 및 장애물로 정형화한 전장리더십훈련장이다. (교육참고 8-1-9 「육군 리더십」, 육군본부, 2017. p. 4-37)

90　Peter Brusilovsky, 『2017년 리더십 교육 연구보고서: 교수·학습이론 이해

이렇게 구축된 'e-러닝 적응학습'을 온라인 리더십 진단 및 '리더십 스마트폰 앱'과 연계하면 더욱 시너지 효과를 낼 수 있다. 즉 어떤 학생이 축적된 리더십 진단결과 D/B를 통해서 '소통' 역량이 부족한 것으로 분석이 됐다 하면 적응 엔진(AI)에서 '소통' 역량을 강화시킬 수 있는 콘텐츠를 그 학생에게 제공함으로써 개인 맞춤식 학습을 가능하게 할 수 있다.

그림-12. 리더십 진단과 연계된 '개인 맞춤식' 리더십 개발 프로그램 제공

온라인 화상프로그램을 활용한 '리더십코칭' 후속조치: 코칭이라 함은 '개인의 목표를 성취할 수 있도록 자신감과 의욕을 고취시키고, 실력과 잠재력을 최대한 발휘할 수 있도록 돕는 일' 또는 '리더의 자질과 역량의 강·약점을 진단하여 피드백 해줌으로써 자기성찰과 리더십 개발 여건을 제공하는 최고 수준의 컨설팅 제도'[91]를 말한다.

육군리더십센터는 야전부대 지휘관을 대상으로 '리더십코칭'을 시행하여 왔으며, 장군 지휘관까지 확대하여 시행하고 있다. 그리고 성과평가

와 학교교육 적용 방안』, 피츠버그대학교, 2003.의 내용을 기초로 보완 작성

91 패트릭 멜버비드 지음, 박진희·최인화 옮김, 『코칭&멘토링』, 한국비즈니스코칭, 2012.11.30.

결과 '리더십코칭'을 받은 지휘관들의 리더십 수준이 평균 10% 향상된 것으로 평가됐다.[92] 현재 육군에서 실시하고 있는 '리더십코칭' 모형 및 절차는 다음 그림-13과 같다.

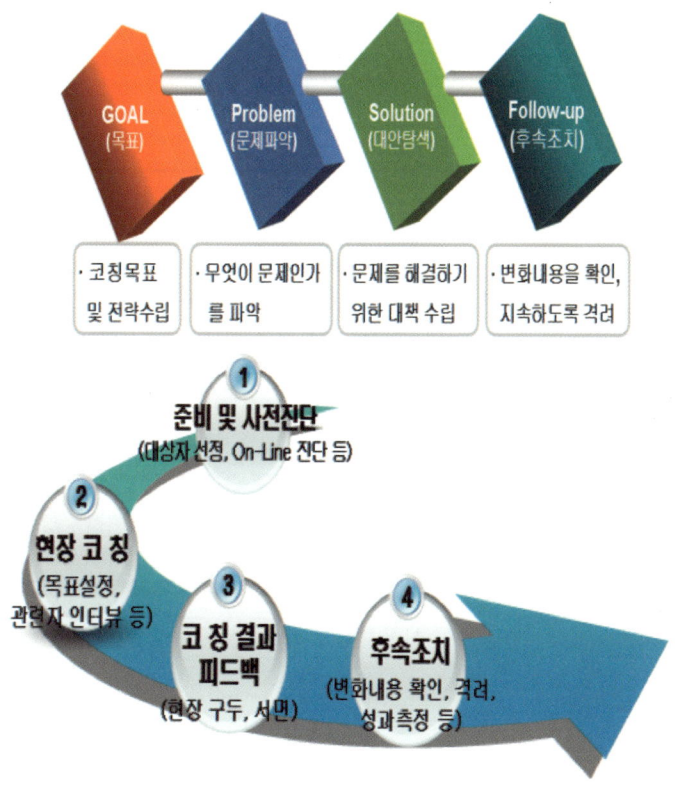

그림-13. '리더십코칭' 모형 및 절차

그러나 '리더십코칭'을 실시하여 코칭결과를 피드백해주는 것으로만

---

92 2023년 대대장 리더십코칭 성과평가 결과 리더십 수준이 평균 10% 향상되었음.(2023년 대대장 리더십코칭 결과 보고)

끝난다면 망각주기에 의해 성과가 오래 지속될 수가 없을 것이다. 그래서 '리더십코칭' 후속조치로 개인 또는 조직에 대한 변화내용을 확인하고 발전을 유지할 수 있도록 지속적·정기적인 격려와 성과측정이 필요하다. 이 때 '온라인 화상프로그램'을 활용하면 시간과 공간의 제약을 극복하고 효과적인 후속조치로 '리더십코칭'의 효과성을 더욱 증대시킬 수 있을 것이다.

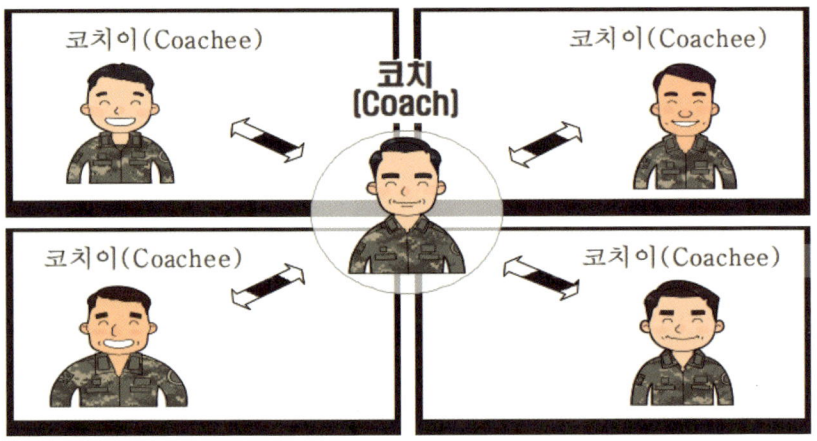

그림-14. 후속조치 간 온라인 화상프로그램을 활용한 개인·조직 '리더십코칭'

병영상담 기법 향상훈련: 병영상담이란 전투력 발휘를 위해 상담자가 상담대상자와 상호이해와 신뢰관계를 바탕으로 상담대상자의 문제해결과 잠재능력 개발을 도와주는 활동[93]이다. 군에서 리더는 상담자로서의 기본적인 역할을 수행하여야 하며, 지휘계통상의 모든 부하들은 상담의

---

93 야전교범 10-0-1「병영상담」, 육군본부, 2013. 2.28. p.1-1.

대상자가 된다.[94]고 강조하고 있다.

그러나 '2023년 연례 육군 리더십 수준 진단(CASAL)'[95]에서 육군 리더들의 상담능력 수준을 진단한 결과를 보면 용사들은 간부의 상담능력이 미흡한 것으로 평가하고 있다. 용사들이 간부들에게 필요한 역량으로 '소통'과 함께 '상담'을 가장 높게 요구한 것이다. 이는 육군 리더들에 대한 체계적이고 전문적인 병영상담 기법 훈련이 강화되어야 함을 제시하고 있다.

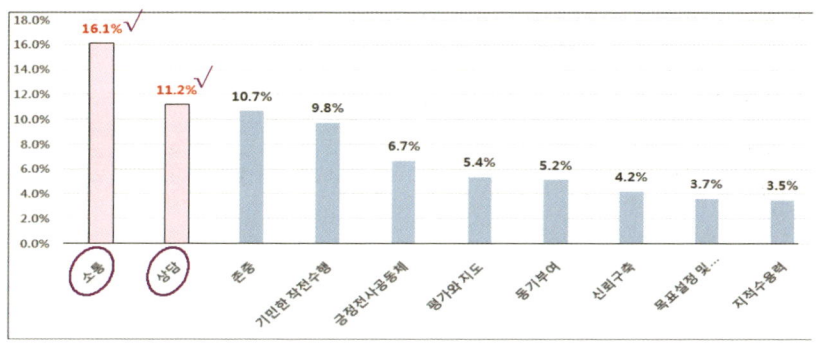

그림-15. 용사가 인식하는 간부 개발요구 상위 10대 요소('23년 CASAL 결과)

---

94 상게서, p.1-1.

95 **C**enter for **A**rmy Leadership **A**nnual **S**urvey of **A**rmy **L**eadership의 약자로 매년 육군 전체의 리더십·인성·상담·임무형지휘 수준을 진단하여 정책·제도적 대안을 모색하기 위하여 실시함. '18년에 전군 최초로 실시했으며, 약 3만 7천명의 설문을 통해서 육군 리더십 수준을 최초로 계량화하여 제시하였음. 또한 계급별 강·약점, 독성리더십, 상담 수준, 임무형지휘 수준 등을 확인하였음.

우리 육군이 참고할 수 있는 병영상담 향상훈련의 한 가지 방안으로 미군의 'Elite Program'[96]을 벤치마킹할 필요가 있다. 'Elite Program' 은 3D 기반의 컴퓨터에서 군 리더들에게 실제와 유사한 상담상황을 간접체험하게 함으로써 상담능력을 향상시키는 훈련방법이다. 이 프로그램은 구타·가혹행위 상황, 경제적 문제, 이성문제 등 5개 시나리오로 구성되며, 가상의 용사가 상담을 요청한 문제에 대해서 리더는 제시되는 3~4개의 답변내용 중 하나를 택하면 응답에 대한 평가와 피드백이 이루어지는 폐쇄형 프로그램이다.

그림-16. 미 육군의 Elite Program을 이용한 간부 상담역량 강화 훈련

향후 미군의 'Elite Program'을 참고하여 VR·AR·MR기술을 활용, 상담상황을 더욱 현실감 있게 구현하고, 여기에 인공지능(AI)까지 접목시킨 쌍방향의 개방형 응답 지원 프로그램으로 우리 육군의 상담훈련이 발전되어야 한다.

---

96 Emergent Leader Immersive Training Environment의 약자로 미군에서 운영하고 있는 간부 상담역량 강화 프로그램

리더십 발휘

제4차 산업혁명 시대의 리더십 발휘 핵심 Key ward

리더십 발휘 분야는 리더십의 핵심(Key)이며 궁극적 목적이다. 앞에서 제시한 리더십 진단, 연구개발, 교육 분야 또한 리더십 발휘를 구현하기 위한 하나의 과정이라고 할 수 있다.

리더십은 제4차 산업혁명 기술과 무관하게 개발·발휘될 수 있는 영역이 다수 존재하는 것도 사실이다. 그러나 본고에서는 제4차 산업혁명 핵심기술을 접목·융합하여 리더십 발휘를 발전시키는 데 초점을 두고 발전방안을 제시하고자 한다.

리더십 관련 학자들이 예측한 미래사회 리더십 발휘의 핵심을 몇 가지로 정리하면 다음과 같다. 첫 번째는 '호감과 신뢰', '감동' 증진방안 모색이 필요하다는 것이다. 미래사회는 과학기술의 발전에도 불구하고 여전히 사람이 중심이며, 사람의 마음을 움직일 수 있는 리더가 진정한 리더로서 영향력을 발휘할 수 있다는 주장[97]이다. 두 번째, 지적수용력과 창의성을 갖춤으로써 '상황판단 및 의사결정 능력'을 향상시켜야 한다[98]는 것이다. 세 번째로 '소통' 방안의 변화이다. 미래사회는 점점 더 대면(Face to Face)보다 비대면(SNS) 소통의 중요성이 커진다[99]. 마지막으로

---

97   서정문, 『인간 중심 리더십』, 호이테북스, 2016. pp.40.– 41.

98   클라우스 슈밥 지음, 김민주·이엽 옮김, 『제4차 산업혁명 더 넥스트』, 새로운 현재, 2016.을 기초로 요약

99   Bersim, 『Digital Leadership』, 옥스퍼드 리더십센터, 2016. 내용을 기

'회복탄력성'의 중요성을 언급[100]하고 있다.

이러한 주장들은 육군리더십센터가 정립한 '육군 리더십 모형 (Warrior 모형)'에서 말하는 육군 리더가 갖춰야 할 리더십 자질과 역량 (6개 범주 및 27개 핵심요소)의 여러 핵심요소와도 일맥상통한다고 할 수 있다.

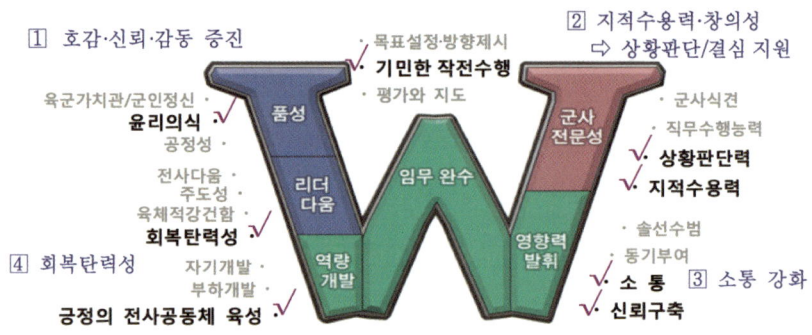

그림-17. 'Warrior 모형'과 제4차 산업혁명 시대의 리더십 자질과 역량 비교

이 외에도 미래 사회 리더십 발휘에 필요한 내용은 많이 있을 것이다. 본고에서는 리더십 관련 학자들이 미래사회의 리더십 발휘 핵심으로 주장하는 3가지 내용을 중심으로 제4차 산업혁명 핵심기술을 활용할 것인지에 대한 방안을 제시했다.

초로 발췌 요약

100 김주환, 『회복탄력성』, 위즈덤하우스, 2011.과 마틴 셀리그만, 『긍정 심리학』, 물푸레, 2014.에서 참고

부하의 심리파악을 통한 호감·신뢰·감동 증진

군에서 '지휘'는 '술(術, Art)적인 영역으로 군사적인 지식과 경험을 토대로 직관력과 통찰력에 의해 발휘되는 인간적인 능력'[101]으로 설명된다. 즉 리더가 지휘를 하는데 있어 인간적인 호감과 신뢰, 감동을 증진하는 인간적인 능력은 매우 중요한 요소다. 그러나 육군의 모든 리더가 충분한 군사지식과 경험, 직관력과 통찰력을 갖추고 있는 것은 아니다. 그래서 제4차 산업혁명의 핵심기술을 활용하여 이러한 군사지식과 경험을 보완하고 직관력과 통찰력을 향상시키는 플랫폼을 구축하는 것이 중요하다.

현재 시행되고 있는 '리더십 진단'은 개인의 리더십 강·약점이나 심리상태에 대한 정확하고 방대한 자료를 담고 있다. 그리고 향후 구축될 '육군 워리어 플랫폼'의 전투원들에게 생체환경센서와 정보처리입력기를 부착하게 한다면 훈련이나 근무 간 개인의 생체정보 변화를 확인하고 축적할 수 있다. 또한 생체인식기술은 뇌과학에서 증명되었듯이 상담이나 면담 간 부하의 외부자극에 따른 행동 변화를 과학적으로 수집하여 축적할 수 있다.

---

101   야전교범 기준-1-1 「지휘통제」, 육군본부, 2018. p.1-21.

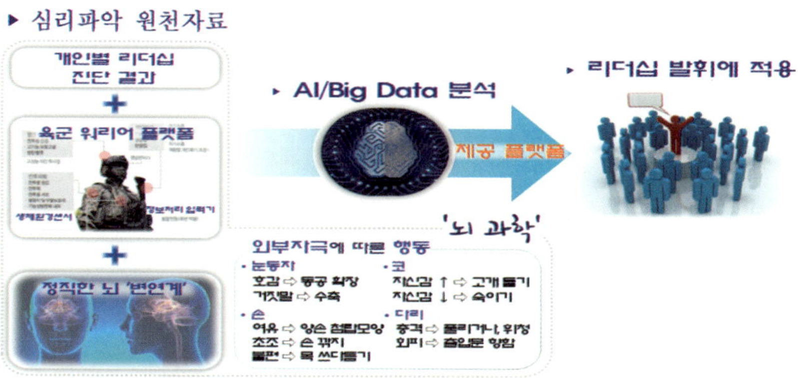

그림-18. 부하의 심리파악을 통한 호감·신뢰·감동 증진 플랫폼

　이렇게 수집된 정보(빅데이터)를 인공지능(AI)을 활용하여 분석·제공할 수 있는 플랫폼을 구축한다면 다양한 환경이나 상황에 따른 부하들의 정확한 심리파악이 가능해진다. 그리고 리더는 이러한 자료를 지휘에 적절히 활용함으로써 부하들에게 호감과 신뢰, 나아가 감동을 주는 리더십 발휘가 더욱 가능해진다.

　그러나 여기에서 중요한 점은 개인 정보보호의 중요성을 간과해서는 안 된다는 것이다. 즉 개인의 생체변화와 심리파악 원천자료에 대한 수집 권한과 범위, 플랫폼 접속 및 활용권한과 정보 활용범위 등에 대한 보안성 검토와 정책적인 판단이 선행되어야만 이러한 플랫폼 구축이 가능할 수 있다.

리더의 상황판단 및 의사결정 지원(AI 참모)

　전·평시를 막론하고 **리더의 가장 중요한 역할은 의사결정이다.** 직위가 높아질수록 리더의 상황판단과 의사결정은 조직의 성과와 승패에 결정적인 영향을 미칠 수 있다. 특히 우리 육군의 교리는 작전수행과정의 핵심인 작전실시 단계를 '상황판단-결심-대응'의 연속적인 환류체계로 정의[102]하고 있다. 상황판단은 문제를 인식한 후 '임무변수(METT+TC)'[103]를 기초로 지속적인 상황평가와 과업 및 효과평가 결과를 통하여 현재 상황과 계획의 차이를 식별하고 임무 완수 가능 여부를 판단하여 지휘관 결심을 지원 및 건의하는 활동이다.[104]

지휘관의 핵심 역할인 의사결정(결심)을 AI가 도와줄 수 없을까? 의사결정에 AI의 지원을 받을 수 있다면 지휘관의 융통성이 보장될 수 있다. 이를 가능하게 할 수 있는 것이 '기술'이다. '생성형 AI' 발전이 눈부시다. 챗GPT의 최신 버전은 사람과 AI가 음성으로 대화하는 수준까지 발전해 있다. 이를 군사적으로 이용하는 방법에 대한 고민이 필요하다. **상용 챗봇을 구매해서 군 전용 D/B(KCTC와 BCTP 또는 기타 작전이나 훈련에서 축적된 방대한 자료 등)를 입력하고, '작전수행과정'과 '임무변수'를 학습시킨 '군 전용 생성형 AI'를 상상해보자. 술(術)적 영역으로 여겨졌던 '작전수행과정'을 군 D/B로 학습된 AI가 근 실시간대에 판단해서 결정 대안들을 제시하고, 지휘관은 그중에서 선택만 한다면 시간이 촉박한 전투현**

---

102   상게서, p.5-75.

103   임무변수는 작전을 수행하는 데 필요한 구체적인 정보의 범주로서 METT+TC로 구성됨. Mission(임무), Enemy(적), Terrain(지형 및 기상), Troops available(가용부대), Time available(가용시간), Civil consideration(민간요소)(기준교범 1「지상작전」, 육군본부, 2021. p.139.)

104   기준교범 5-0「작전수행과정」, 육군본부, 2021.

장에서 매우 유용할 것이다. 전시 지휘관에게 가장 중요한 '융통성'이라는 자산을 확보한다는 차원에서 의미가 있다. 향후 이를 가능하게 하기 위해서는 AI 전문가와 군 작전 전문가의 협업이 필요하다.

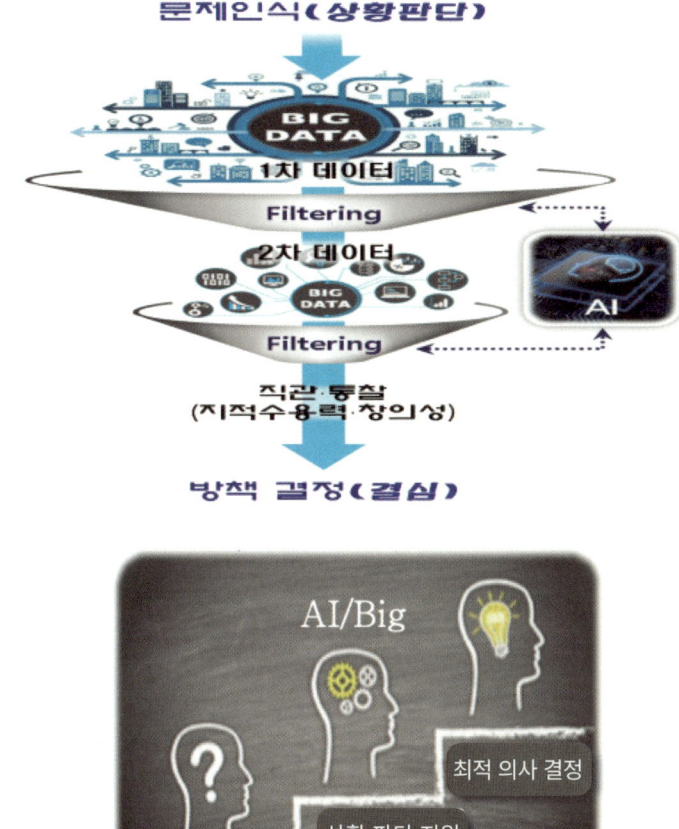

그림-19. 빅데이터와 인공지능(AI)을 활용한 상황판단과 의사결정 구조

리더는 민간의 최신 기술의 발전에 주목하고 학습해야 한다. 특히 AI 분야가 특별하다. AI 발전의 방향과 수준, 한계를 깊게 이해하고 자신의 전문분야인 '군사'에 접목하기 위해 노력해야 한다.

분권화된 지휘환경에서 비대면 의사소통 확대

우리 육군이 마주하게 될 '미래 전장 환경은 정보통신기술과 기동성 증가로 전장이 광역화되어 소규모 단위 분권화된 작전소요가 증대'[105]될 것이다. 이러한 분권화된 지휘환경 속에서는 대면 의사소통보다는 비대면 의사소통의 중요성이 더욱 커지게 된다.

대면 의사소통은 비대면 의사소통보다 호감과 신뢰, 감동을 줄 수 있는 장점이 있는 반면, 비대면 소통은 시·공간의 제약을 극복하고, 직접접촉에 의한 부담감을 최소화시키며, 동시에 다수의 인원이 소통할 수 있는 등 상호간 장단점이 존재한다. 그러므로 분권화된 지휘환경 속에서도 리더는 따뜻한 대면 의사소통과 함께 비대면 의사소통 수단을 적절히 활용하여 리더십을 발휘함으로써 임무완수의 효율성을 높일 수 있다.

가상 극한 상황 극복을 통한 회복탄력성 향상

리더십 교육 분야에서 언급한 것처럼 극한상황을 체험할 수 있는 '전장리더십훈련장'을 조성하여 훈련하는 것은 군인으로서 임무를 완수하기 위해 반드시 필요하다. 그리고 '전장리더십훈련장' 프로그램에는 '회복탄력성 훈련'도 포함되어야 한다.

---

105   교리회보 '18-2호 「임무형지휘- 육군의 지휘철학」, 육군본부, 2018. p.1-2.

'회복탄력성 훈련'은 전장에서 발생하는 전투의 특성과 심리현상뿐만 아니라 청탁과 같은 도덕적 딜레마 상황, 개인적 트라우마로 인한 자신감과 주도권 상실, 동기가 결여된 부하와의 임무수행 등 실 생활에서 일어날 수 있는 상황을 함께 구성하여 반복경험하게 하는 것이다. 이러한 극한 상황에 대한 반복 간접경험은 자신이 가지고 있는 정신적 취약분야에 대해 스스로 깨닫게 해주고 실 상황 극복에도 큰 도움을 줄 것이다.

제4절 결 론

　지금까지 제4차 산업혁명의 핵심기술인 빅데이터(Big data), 인공지능(AI), 뇌과학과 생체인식, VR·AR·MR, 클라우드 컴퓨팅(Cloud Computing) 등을 『육군 리더십 발전 아키텍처』의 네 가지 분야에 접목·융합하여 군 리더십을 발전시킬 수 있는 방안에 대해 제시했다.

　본고에서 제시한 발전방안과 아이디어는 '온라인 화상프로그램을 활용한 리더십코칭'과 같이 단기간에 적용 가능한 것도 있지만 대부분 중·장기적으로 구현해야할 육군리더십센터의 연구개발 소요들이다. 그러나 미래를 준비한다는 입장에서 반드시 필요한 연구임을 확신한다.

　본 연구의 핵심이 **제4차 산업혁명의 핵심기술을 리더십에 접목·융합하는 것임에도 불구하고 리더십의 주체는 '리더'라는 사실에는 변함이 없다.** 시대가 발전함에 따라 과학기술은 무궁무진하게 변화될 수 있지만, 사람의 근본적인 속성은 변함이 없기 때문이다. 더 정확히 말하면 리더십에 있어 유일한 상수는 '인간(리더)'라는 것이다. 그러므로 리더의 인간적 매력과 따뜻한 품성은 미래에도 더욱 강화되어야 하며, 이와 함께 직관과 통찰력을 갖추는 것도 무시해서는 안 된다. 이 바탕위에서 제4차 산업혁명의 핵심기술들이 접목될 때 올바른 리더십 발휘가 가능하다.

　미래사회의 주인은 여전히 '인간(리더)'이라는 명제에는 이의가 없다. 군 리더십 발전을 위하여 인간의 강점은 강화하고 약점을 보완하는 방향으로 제4차 산업혁명의 핵심기술을 활용함으로써 미래사회에 주도적으로 대응하는 군 리더가 되어야 한다.

참고문헌

1. 단행본

- 국방기술품질원, 『국방과학기술용어사전』, 2011.
- 게리 클라인, 『인튜이션』, 2012.9.8.
- 김주환, 『회복탄력성』, 위즈덤하우스, 2011.3.29.
- 마틴 셀리그만, 『긍정심리학』, 물푸레, 2014.4.3.
- 서정문, 『인간 중심 리더십』, 호이테북스, 2016.12.5.
- 이강원, 손호웅, 『지형 공간정보체계 용어사전』, 구미서관, 2016.01.03.
- 제롬 글랜, 박영숙, 「일자리 혁명 2030」, 비즈니스북스, 2017.1.15.
- 클라우스 슈밥, 「제4차 산업혁명」, 새로운현재, 2016.4.20.
- 패트릭 멜러비드, 『코칭&멘토링』, 한국비즈니스코칭, 2012.11.30.

2. 연구논문

- 육군교육사, 「2023년 연례 육군 리더십 수준진단(CASAL) 결과」, 2023.12.26.
- Amy H. Mezulis, 'A MetaAnalytic Review of Individual, Developmental, and Cultural Differences in the SelfServing Attributional Bias' Psychological Bulletin, Vol.130, 711-747, 2004.
- Bersim, 『Digital Leadership』, 옥스퍼드 리더십센터, 2016.
- Peter Brusilovsky, 『2017년 리더십 교육 연구보고서: 교수·학습이론 이해와 학교교육 적용 방안』, 피츠버그대학교, 2003.

3. 관련교범 및 서적

- 육군본부, 야전교범 기준-1-1 「지휘통제」, 2018.3.15.
- 육군본부, 기준교범 1 「지상작전」, 2021.7.15.
- 육군본부, 야전교범 1-1 「군사용어」, 2017.5.31.
- 육군본부, 야전교범 10-0-1 「병영상담」, 2013. 2.28.
- 육군본부, 교육참고 8-1-9 「육군 리더십」, 2017. 2.28.
- 육군본부, 교리회보 '18-2호 「임무형지휘- 육군의 지휘철학」, 2018.7.

제5장

미래 전장리더십
(AI 기반 유무인 복합전투 환경에서의 전장리더십 발휘)

제1절 서 론
제2절 과학기술 및 무기체계와 리더십 관계 분석
제3절 미래 육군의 모습과 '육군 리더십 모형'의 변화
제4절 향후 심층적인 '미래 전장리더십' 연구를 위한 추진 방향
제5절 결 론

요약

본 연구는 전장리더십 '미래'에 관한 것이다. 전장리더십의 변화 방향과 그 폭을 예측하고, 이를 근거로 육군의 대비 방향을 제언했다.

연구방법 및 절차는 다음과 같다. 먼저, 리더십의 본질과 특성을 규명하고, 과학기술과 무기체계 변화가 리더십에 미친 영향을 확인했다. 이어 '정서적 교감이 가능한 휴머노이드 전투원(AI기반 자율 전투로봇) 출현'이라는 특이점을 예측했으며, 이러한 변화가 리더와 유인 전투원에게 미치는 심리적 영향을 분석했다. 이를 기초로 '육군 리더십 모형(Warrior 모형)'의 변화를 예측했으며, 심층적인 '미래 전장리더십' 연구를 위해 지금부터 무엇을 준비해야 할지 분석하고 추진 방향을 제언했다.

연구결과는 다음과 같다. 미래 전장 상황에서도 '사람(Human Dimension / 인간 영역)'이 주인공인 기본개념은 변하지 않을 것이나, '정서적 교감이 가능한 휴머노이드 전투원'이 출현함에 따라 리더십 3요소인 상황, 리더, 구성원 모두 커다란 변화가 발생할 것이다. 이에 따라 기존의 사람과 사람과의 관계를 벗어나 사람과 휴머노이드 전투원과의 새로운 관계 설정이 필요할 것으로 예측했다. 이러한 변화는 '육군 리더십 모형'의 보완을 요구할 것이다. 리더에게 요구되는 역량에 미래 리터러시, 디지털 리터러시, 디지털 윤리, 워리어 스피릿 등이 새롭게 추가될 것이고 주도성, 혁신, 겸손, 소통, 신뢰 구축 등은 그 중요성이 증대될 것이다. 반면, 부하 개발, 솔선수범, 공감, 원활한 대인관계 등 순수 인간 간의 상호작용에 집중되었던 역량들은 그 중요성과 빈도가 감소될 것으로 보았다.

향후 심층적인 '미래 전장리더십' 발전을 위해 비대면 환경에서의 리더의 리더십 발휘 방안과 자주성을 갖춘 부하(Self Leadership) 육성을 위한 평시 개발 방안, 리더- AI기반 자율 전투로봇간 상호작용 연구 등 발전시켜야 할 연구 과제를 제시했다.

*주요 용어

유무인 복합전투 체계,
정서적 교감이 가능한 휴머노이드 전투원(AI 기반 자율 전투로봇),
리더십 3요소, 전투의 특성, 전장에서의 심리 현상

제1절 서 론

경이적인 과학기술 발전은 전쟁의 모든 것을 바꾸고 있다. 특히, AI 기반 무기체계의 도약적 발전은 그 변화 끝을 가늠하기조차 어렵게 만들고 있다. 국방부는 이러한 변화에 대응하기 위해 '국방혁신 4.0'을 수립하여 AI·무인·로봇 등 4차 산업혁명 과학기술을 기반으로 북핵 및 미사일 대응 능력의 획기적 강화, 군사전략 및 작전개념의 선도적 발전, AI 기반 핵심 첨단전력 확보, 국방 R&D 및 전력증강체계 재설계, 군구조 및 교육훈련 혁신 등을 추진하고 있다. 특히 '국방혁신 4.0'을 청사진으로 AI와 연계된 유무인복합전투체계 완성을 위해 노력하고 있다. 육군의 Army TIGER[106] 여단, 해군의 Navy Sea Ghost 부대, 공군의 유·무인편대기 부대, 해병대의 Iron Marine 부대가 그것이다. 그러나 국방부와 육군 대부분의 노력은 미래 유형 전력에 집중되어 있다.

미래의 무형전력, 특히 인간 영역(사람의 인지, 심리 등)에 관한 관심과 노력은 상대적으로 미흡하다. 인간 영역의 핵심이자 전투력 요소의 하나인 '리더십'에 방점을 두고[107], '미래 육군에 적합한 리더십 발휘'를 위해 '무엇을 준비'해야 할지 고민해야 할 시점이다.

리더십은 부대 구성원의 전투의지를 자발적으로 결집하여 부대가 단순

106　Army TIGER는 첨단과학기술군으로 군사혁신한 미래 육군의 모습이자, 4세대 이상의 지상 전투체계로 무장한 미래 지상군 부대를 이르는 용어임.

107　육군본부 기준교범 1 『지상작전』. 2021. p.4-19

합(合) 그 이상으로 전투력을 발휘하도록 기능을 통합하고 촉진한다.[108] 본(本) 연구는 육군이 미래 대비에 있어 하드웨어인 과학기술과 무기체계 발전은 계획적이고 체계적으로 준비되고 있지만, **무형전력의 핵심인 리더십의 미래에 대한 분석과 준비는 미흡하다는 문제 인식**에서 출발했다.

미래를 예측하기는 매우 어렵다. 하지만 미래를 예측하여 사전에 준비하지 않으면 언젠가 다가올 전쟁에서 승리를 보장할 수 없다. 미래를 준비하기 위해서는 일정한 시점을 기준으로 삼아야 한다. 본 연구는 **미래를 2040~50년으로 설정**했다. 특히 2040년은 Army TIGER 군사혁신이 완성되는 시점[109]이고, 육군 미래 병력구조를 설계하는 기준[110]이기 때문에 미래 전장리더십 예측 기준으로 삼기에 적당할 것으로 판단했다.

현재 2025년	5년 후 2030년	10년 후 2035년	30년 후 2055년
현용軍	중간軍	미래軍 ✓	개념軍 ✓
작전계획	중기계획	육군비전 2030	육군비전 2050
군사력 운용	군사력 건설	정책지침 제시	방향성 제시

표-1. 육군의 미래발전 전략[111]

108　육군본부 기준교범 1 『지상작전』. 2021. p.4-20

109　육군본부 「Army TIGER 종합발전 실행계획」. 2022.

110　육군본부 2040년 육군 병력구조 설계방안 토의 자료. 2022.

111　육군본부 「육군비전 2050 수정 1호」. 2022.

연구방법 및 절차는 다음과 같다. 먼저, 리더십의 본질과 특성을 규명하고 지금까지 확인된 과학기술 및 무기체계 변화가 리더십에 미친 영향을 분석했다. 이후 '정서적 교감이 가능한 휴머노이드 전투원(AI기반 자율 전투로봇) 출현'이라는 특이점을 예측했다. 이어서 특이점을 포함한 미래 육군의 변화된 전장 상황을 구체화하고 이에 따른 리더와 구성원(유인과 무인)간의 심리적 변화를 예측했다.

또한, 이에 따른 '육군 리더십 모형(Warrior 모형)'의 변화를 탐색했다. 마지막으로 심층적인 '미래 전장리더십' 연구를 위해 지금부터 무엇을 준비할 것인지를 고민했다.

제2절 과학기술 및 무기체계와 리더십 관계 분석

'리더십'의 본질과 특성

　리더십은 육군 리더가 임무를 완수하고 조직을 발전시키기 위하여, 구성원에게 목적과 방향을 제시하고, 동기를 부여함으로써 영향력을 미치는 활동이다.[112] 즉, **사람의 마음(심리)을 움직이는 술(術)적 활동**이다. 리더십은 기본적으로 사람과 사람간의 관계 속에서 발휘되므로 **사람 심리가 변하는 상황 발생은 리더십 발휘에 큰 영향**을 미친다. 특히 사람과 사람 간의 상호작용으로 인해 심리적 영향을 크게 받는 '육군 리더십 모형'의 3개 범주는 품성, 리더다움, 이끌기 등이다.

　또한, 전시 전투현장에서 발휘되는 리더십인 전장리더십은 표-2에서 제시한 전투 특성과 전장 심리 현상인 위험, 정신적·육체적 피로와 고통, 불안과 공포, 공황, 가치 기준의 하락, 전투스트레스 등에 큰 영향을 받는다. 전투 특성과 전장에서 심리 현상이 변화하면 리더십 역시 영향을 받는다.

　결론적으로 리더십은 전·평시 모두 **사람과 사람과의 상호작용과 그 속에서 작동하는 심리적 변화에 의해 큰 영향**을 받는 것을 알 수 있다.

112　기준교범 8-0「육군 리더십」. 2021.

전투의 특성(4개)	전장에서의 심리 현상(7개)
① 위험 ② 불확실성과 우연 ③ 정신적·육체적 피로와 고통 ④ 마찰	① 불안과 공포 ② 공황 ③ 유언비어 확산 ④ 지각 능력의 저하 ⑤ 가치 기준의 하락 ⑥ 동화의식의 확산 ⑦ 전투스트레스

표-2. 전투의 특성과 전장에서의 심리 현상[113]

지금까지 확인된, 과학기술과 무기체계 변화와 리더십의 관계

역사적으로 과학기술과 무기체계의 발전은 군사혁신을 견인하고 전쟁의 판도를 바꾸었다. 지금까지 확인된 과학기술과 무기체계 발전에 따른 변화는 다음 장의 표-3에서 제시하는 바와 같다. **이러한 변화가 리더의 리더십 발휘에 얼마나 영향을 미쳤는지**를 알아보고자 한다.

고대로부터 16세기 이전까지는 대부분 인간 근력에 의존한 직접 전투가 주류였다. 이후 등장한 ① 고대 전차는 기존 사람의 인력에 의한 전투에서 말을 활용하여 기동성과 충격력을 증대함으로써 보병 위주 전투에서 기병 위주 전투로 전환시켰다. ② 화약과 화포의 발전은 기존 사람의 인력에 의한 전투에서 사거리를 증대하고 살상력과 파괴력을 증대함으로써 기병 위주의 전투에서 포격전 중심으로 이끌었다.

113　육군본부 기준교범 8-0 『육군 리더십』. 2021. p.5-30, p.5-36.

③ 임진왜란 당시의 거북선은 기존 전투원을 이동시켜 수행한 승선전 위주의 해전에 일대 변혁을 이끌었다. 16세기 이후 몇 차례의 산업혁명을 거치며 다양한 무기체계들이 개발되어 전쟁에 활용되면서 전쟁의 양상도 ④ 기존의 진지전 위주 전투에서 전차의 충격을 활용한 기동전으로 변모시켰으며, ⑤ 핵무기의 개발은 그 가공할 파괴력으로 인해 역설적이게도 총력전에서 제한전으로 변화시켰다.

⑥ 첨단 과학기술이 접목된 인공위성의 개발은 실시간 감시·정찰을 통한 적 중심을 파괴하여 공지해 위주 전투에서 우주까지 그 영역을 확장시켰다. 앞으로 미래의 전쟁은 자율 무기체계들과 증강된 인간 전투원들에 의한 초연결된 다양한 초지능 무기체계를 전 영역에서 동시 통합적으로 활용한 비정형·비선형전의 모습[114]으로 진화할 것이다.

이러한 변화는 과학기술에 대한 이해와 전문지식 함양 등 리더가 새로 갖추어야 할 요소의 증가로 연결된 것은 사실이지만 리더가 발휘해야 할 리더십을 근본적으로 변화시키지는 않았다. 리더십 발휘의 핵심인 심리에 크게 영향을 미쳤다고 보기는 어렵다.

이순신 장군이 발휘한 리더십과 과학기술이 크게 발전한 현대전의 지휘관이 발휘하는 리더십이 근본적으로 다르다고 할 수 없다는 것이다. 그러므로 **과학기술과 무기체계의 발전은 군사혁신을 견인하고 전쟁의 판도를 바꾼 것은 사실이지만, 그 발전에 따라 요구되는 리더십이 크게 변하지 않았다는 것에 유의해야 한다.**

---

114 육군본부 「육군비전 2050 수정 1호」. 2022.

과학기술과 무기체계	전쟁에 미치는 영향
① 고대 전차	• 사람의 인력에 의한 전투에서 말을 활용하여 기동성과 충격력을 증대 • 보병 위주 전투에서 기병 위주 전투로 변화
② 화약 / 화포	• 사람의 인력에 의한 전투에서 화약을 활용하여 사거리 증대시켜 살상력과 파괴력을 증대 • 기병 위주의 전투에서 포격전으로 변화
③ 거북선	• 기존 수송 위주의 선박 운용을 화력과 방호력을 증대 • 승선전 위주 전투에서 화력 전투로 변화
④ 전차	• 기관총에 대응하기 위해 방호력과 기동력 증대 • 진지전 위주 전투에서 기동전 위주 전투로 변화 (전격전 출현)
⑤ 핵무기	• 핵무기에 의한 공멸 회피 • 국가 총력전에서 대규모 전쟁을 회피하는 제한전으로 변화
⑥ 인공위성	• 첨단 과학기술이 접목된 인공위성을 활용한 감시·정찰, 타격 등 적 중심 파괴 • 공지해 위주 전투에서 우주영역 전투로 전환

표-3. 과학기술과 무기체계 변화[115]

---

115 전쟁에 큰 변화를 가져온 무기체계들을 육군리더십센터에서 연구하여 정리한 내용임.

과학기술이 발전하였음에도 전장의 중심은 여전히 '사람'이었으며, 과학기술과 무기체계는 주인공인 사람을 지원하는 보조적 역할만을 수행했다. 이처럼 수천여 년 동안 지속된 과학기술과 무기체계의 비약적 변화 속에서도 사람과 사람 간의 상호작용을 특성으로 하는 리더십의 본질이나 중요성은 변함없이 유효하다.

제3절 미래 육군의 모습과 '육군 리더십 모형'의 변화

미래에 관해 알고 싶은 질문은 "과학기술이 미래에 아무리 발전해도 리더십에는 큰 영향을 주지 않았던 정설이 여전히 유효할 것인가?"이다. 결론부터 말하면 "No! 과학기술의 특이점 출현은 리더십에 근본적인 변화를 초래할 것이다."이다. 어떤 차이가 도래할지 예측했다.

현 'AI 기술' 수준과 그 영향

AI 기술이 사람 심리에 큰 영향을 미친다. 매스컴과 학술지 발표자료를 중심으로 현재 AI 기술이 사람 심리에 어떤 영향을 미치고, 미칠 수 있는지 다음 장의 표-4에서 보는 바와 같이 정리했다. 먼저 ① 고(故) 박 소령의 영상처럼 AI 기반의 딥페이크 기술이 크게 발전했다. 딥페이크 기술을 활용하여 로봇 얼굴에 가족이나 전우 모습을 탑재하면 전투원의 심리적 안정을 도모하고 전우애를 증진시킬 수 있다. ② '아이보' 로봇 강아지, 휴머노이드 AI, AI 아바타 등은 사람들과 정서적 교감을 증진시키고, 심리적 안정감을 부여할 수 있음을 증명하고 있다. **AI가 탑재된 자율 로봇에게 인간이 정서적으로 소통할 수 있음을 증명하는 사례**라 할 수 있다. ③ AI 조정 무인전투기가 현실화되고 있다. 후방 조종수석에 탑승했던 기자는 무인전투기가 죄의식 없는 무자비한 살상무기화 되는 것에 우려를 표명했다. 디지털화된 무기체계가 갖는 도덕적 윤리 문제에 대해 사회적 논의가 필요한 이유이기도 하다. ④ KAIST는 **로봇이 종속된 도구가 아닌 공존 대상으로 새로운 관계 정립**해야 할 것을 강조하고 있다.

미래는 향후 호모 사피엔스(인류)와 로봇 사피엔스(AI 로봇)가 각각 절반을 차지할 것이며, **미래에는 인간과 로봇의 교감이 중요한 주제로 등장할 것임을 예측했다.**[116] 또한, 한국경제신문은 향후 20년 이내에 1가정 1로봇 시대가 도래[117]할 것이라고 보도했다. 이상의 사례에서 본 것처럼, AI 기술 발전은 단순한 편의 증진 차원뿐 아니라, **사람들의 심리에 큰 영향을 미칠 수 있음을 구체적으로 증명하고 있다.**

AI 기술 발전	사람의 심리 변화
① AI 복원 (딥페이크) 기술	• 故 박인철 소령을 가상 인간으로 복원 → 감동 → 가족, 사망한 전우 등장으로 심리적 안정 유도 가능 ※ 로봇에 기술 탑재시 고립감 해소, 전우애 증대 　　　　　　　　　　　　　　　*국방TV('23.7월)
② 소셜 (Social) 로봇	• '18년 日 '아이보' 로봇 강아지 판매: 감성 인지 기능 → 독거노인과 소통 ※ 우울증 경감, 가족 같은 유대감 형성

116　KAIST 미래전략연구센터,『KAIST 미래전략 2023』. 2022.
117　한국경제 '엔드 테크가 온다'(9편). 2023.

② AI / 휴머노이드	• 영화 'her': AI(OS)와 사람간의 정서적 교감, 사랑 　　　　　　　　　　　　　　　*'14년 국내 상영 • 영국 드라마 '휴먼스(HUMANS)' *'18년 국내 상영: 휴머노이드 AI와 사람간의 감정 교류 ※ AI(로봇)와 사람간의 정서적 교감 가능성 제시
② AI 아바타 (에스파)	• '20년 또 다른 자아인 '아이- 에스파' 등장: 현실 멤버와 교감하는 대등한 아바타, 시간적, 공간적 제약 없이 인간과 소통 ※ 친구 역할 수행, 호감과 유대감 형성
③ AI 조정 무인 전투기	• 표적 식별- 평가- 공격명령 요청- 전투 수행 ※ 생명존중이나 살인의 죄의식 없음. (탑승자 인터뷰) 　　　　　　　　　　　　*한국일보('23. 8월)
④ KAIST 미래전략 2023	• KAIST 예측('22.12월) 　- 미래에는 인간과 로봇의 교감문제가 중요한 주제 　　→ 로봇이 종속된 도구가 아닌 공존하는 대상으로 새로운 관계 정립 필요 　- 로봇의 지능화 기술 개발과 함께 인문학적 연구와 사회적 논의 병행 필요

표-4. AI 기술 발전과 사람 심리 변화[118]

---

[118] AI 기술 발전에 따른 사람 심리에 미치는 영향을 육군리더십센터에서 연구하여 작성한 내용임.

2040~50년 육군의 편제

2040~50년이 도래하면 육군의 모습은 어떠할까?

『국방혁신 4.0』, 『육군비전 2050 수정 1호』, 『Army TIGER 종합발전 실행계획』, 『육군 과학기술 발전계획 Ⅰ·Ⅱ』을 기초로 미래 육군의 모습을 그려보면 표-5와 같다.

2040~50년 육군은 부대유형별 Army TIGER 편제가 완성된 AI 기반의 유무인 복합전투체계로 구비될 것이다. 병력 자원은 감소되어 상비병력은 약 26만 명을 유지하고 동원병력은 약 65만 명을 유지[119]할 것이다. **팀 또는 분대는 유인(사람) 전투원과 무인(AI) 전투원으로 혼합 편성될 것이다.**

미군은 RAS(Robotic and Autonomous System)[120]를 2017년부터 추진하여 무인 전투차량과 군집체계 개선, 분대 자율화를 추진하고 있다. 또한, 과학기술과 무기체계의 획기적인 발전이 지속되어 무인 감시-결심-타격 체계가 구축되고, 전투원은 모듈형 개인전투체계와 개인 전장가시화체계가 구축될 것이다. 여기에서 가장 주목해야 할 것은 2040~50년 즈음에 '정서적 교감이 가능한 휴머노이드 전투원(AI기반 자율 전투로봇)이 출현 할 것인가?'이다. 그 가능성을 알아본다.

---

119 육군본부 2040년 육군 병력구조 설계방안 토의 자료. 2022.

120 로봇 자율체계(RAS)는 유무인 전투체계의 전 요소들을 동시적으로 운용하여 상황인식 능력을 확대하고, 치명성 강화 및 생존성을 향상시키는 전략이다. 미군은 유무인 전투체계의 통합을 통해 전투력을 획기적으로 향상시키고 예산 등 현실적 제약을 고려하여 최적의 자율화 추진전략을 모색하고 있다. 이 개념에 근거한 **미군의 차세대 분대 편제는 인간 2, 로봇 4로 구성될 것으로 판단하고 있다.** 미 합참 로봇 자율체계(RAS) 합동 개념. 2017.

Army TIGER 편제 (유무인 복합전투체계)	+	과학기술과 무기체계의 획기적인 발전 지속
· 상비병력 감소(약 26만 명) / 　동원병력(약 65만 명) 　+ 군무원(4만 명)121 · 팀(분대) 편성: 유인 부하 + 무인 부하		· 무인 감시- 결심- 타격 체계 · 모듈형 개인전투체계 · 개인 전장가시화체계 · 정서적 교감이 가능한 AI기반 　자율 전투로봇 출현 　(＊티핑 포인트 또는 특이점 발생)

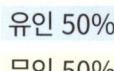

유인 50%
무인 50%

표-5. 2040～50년 육군의 모습

'정서적 교감이 가능한 AI기반 자율 전투로봇'의 출현

　과학기술 발전으로 인해 구현되는 미래 육군 무기체계는 표-6과 같다. 과거 상상이 구현되고 있다. 오픈AI사(社)가 2018년 개발한 챗 GPT-1은 키보드로 입력하는 방식이지만, 챗 GPT-5는 사용자와 실시간 자연스럽게 언어로 소통할 수 있다.

　영화 'her'가 실제 구현될 시점이 얼마 남지 않았다. 엔비디아의 CEO 젠슨황은 챗봇의 계산능력이 2년마다 100배 향상되고 있어 10년 후 챗봇의 성능은 지금의 100만 배가 될 것122이라 예측한다.

121　육군본부 2040년 육군 병력구조 설계방안 토의 자료. 2022.
122　중앙일보 오피니언 '호모 프롬프트'. 2023.

구분	무기체계	구분	무기체계	구분	무기체계
유무인 복합	군집형 자폭무인기 : 다족형 전투로봇	슈퍼 솔져	생체능력 증강 : 신체 장착형 장비	초연결 네트 워크	통신중계 드론-2 : 성층권 비행선
차세대 워리어 플랫폼	차세대 워리어 플랫폼 : 개인 전장가시화 체계-2	첨단 감시 정찰	복합센서 기반 수직이착륙 UAV : 지능형 소부대 정찰드론	사이버 / 전자전	기상조절 무기 : 초음파 및 저주파 무기
지향성 에너지	레이저 소화기 : 헬기탑재 레이저포	우주 기반	저궤도 전술정찰 위성군 : 초연결 위성체계	인공 지능 / 양자	AI 기반 초연결 전투체계 : 양자암호 통신 체계
고기동 / 스텔스	전투원 공중기동장비 : 초기동 무인 자율 스텔스 체계	지향성 에너지	초소형 원자로 : 차세대 전원공급 장치	고위력 / 초장사정	유무인 복합장 사정 자주포 : 지상발사 극초음속 미사일

표-6. 미래 육군 무기체계

 이러한 경이적인 과학기술과 무기체계의 발전이라면 결국 **'정서적 교감이 가능한 휴머노이드 전투원(AI기반 자율 전투로봇)의 출현'**을 가능하게 할 것이다.

 다음 장의 그림-1에서 보는 바와 같이 **"과학기술은 보조적 수준에**

만 머물 것"이라는 상식의 선을 뛰어넘는 기술적 '티핑 포인트(Tipping Point)'를 거쳐 '특이점(Singularity)'이 발생할 것이다. 많은 과학자들은 2040년~50년을 전후로 특이점이 도래할 것으로 전망하고 있다.

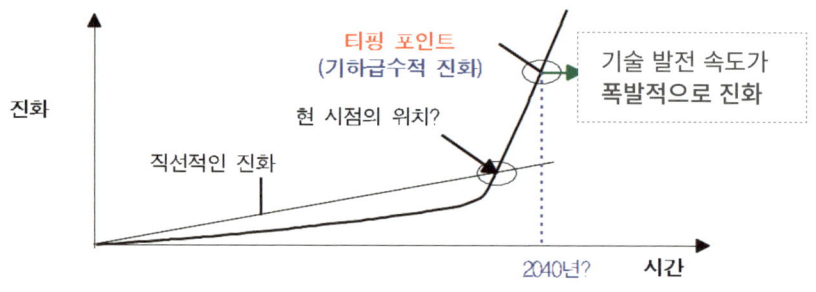

그림-1. 2040년 과학기술 발전 추이

'특이점'이 발생하게 되면 리더십의 구성요소인 리더와 구성원, 환경에 직접적으로 커다란 영향을 미치게 될 것이다.

그림-2와 같이 리더십 환경은 **획기적인 과학기술과 무기체계 발전**으로 구조적인 일대 변화가 발생하고, **무인 부하가 등장**하여 리더의 심리적 변화를 촉진할 것이며, 구성원인 유인 전투원은 휴머노이드 전투원(AI기반 자율 전투로봇)과 **동료가 되어 같은 임무**를 수행해야 한다. **리더십에 큰 변화가 일어나는 셈이다.**

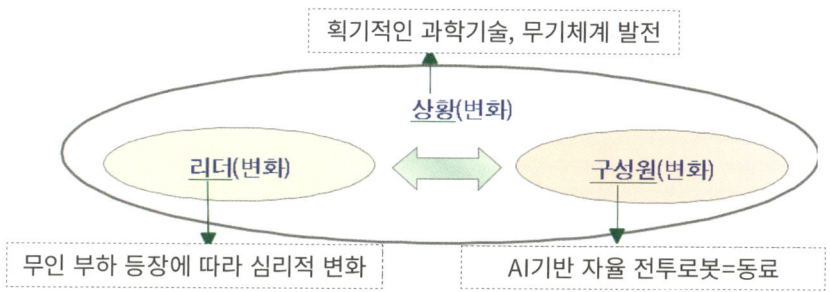

그림-2. 리더십 3요소의 변화

이처럼 AI 기반의 과학기술 발전에 따른 무인체계의 획기적인 발전은 리더와 구성원의 심리에 엄청난 영향을 야기시켜 현재와는 다른 리더십의 근본적인 변화를 유발할 것이다.

미래 육군의 AI 기반 유무인 복합전투 상상도

'정서적 교감이 가능한 휴머노이드 전투원(AI기반 자율 전투로봇)이 출현'한 미래 육군의 유무인 복합전투체계는 어떤 모습일까? 다음 장의 그림-3과 같을 것이다.

초연결 네트워크로 연결된 지휘관(자)은 전장을 실시간 가시화하면서 유인 부하와 무인 부하(AI), 각종 로봇과 드론, 무인 전투체계를 지휘통제하게 된다. 유인 전투원과 휴머노이드 전투원으로 구성된 복합분대는 서로 소통하면서 전투에 투입된다. 무인체계인 ① 지뢰개척로봇을 최선두에 투입하여 장애물을 탐지하고 개척할 것이다.

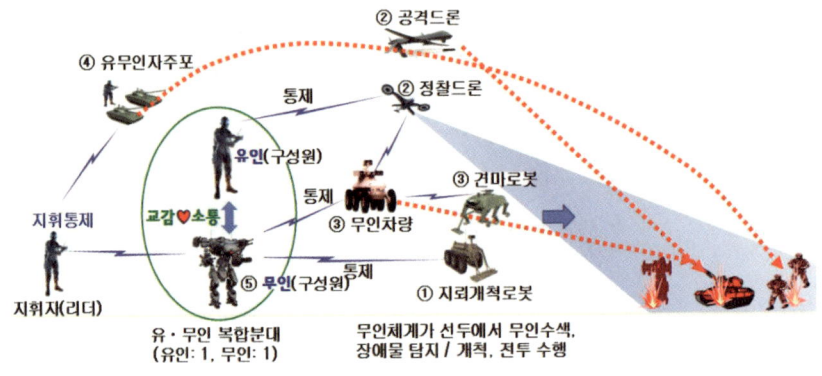

그림-3. AI 기반 유무인 복합전투 상상도[123]

② 정찰드론과 공격드론이 상공에서 전장을 가시화하며 적 위협을 제거할 것이다. ③ 견마로봇과 무인차량 등이 선두에서 수색활동을 통해 유인 전투원을 보호할 것이다. ④ 유무인자주포는 후방에서 실시간 Sensor-Shooter의 직접 연결을 통해 임무를 수행할 것이다. ⑤ 인간과 정서적 교감이 가능해진 휴머노이드 전투원(AI 기반의 자율 전투로봇)은 유인 전투원과 함께 전투에 투입되어 싸우게 될 것이다.

AI 기반 무인체계 운용에 따른 유인 전투원의 심리적 영향

AI 기반 무인체계의 운용은 유인 전투원에게 많은 심리적 영향을 미칠 것이다. 이를 정리한 것이 표-7이다. ① 인간 대신 투입된 지뢰개척로

123　AI 기술 발전에 따른 무기체계별 핵심능력을 고려하여 육군리더십센터에서 연구하여 작성한 내용임.

봇은 인간 전투원의 생존성을 보장하고, 인간 대신 위험을 대신함으로써 인간에게 심리적 안정을 가져다준다. ② 전투지역 상공에서 운용하는 다양한 공격 및 정찰드론은 전장을 가시화하고, 위협을 제거함으로써 아군에게는 안도감과 믿음을, 적에게는 공포심을 안겨줄 수 있다.

③ 전투지역에서 운용되는 견마로봇과 무인차량은 아군의 생존성을 보장하고, 작전효율성을 증대시킴으로써 인간 전투원에게 무한한 신뢰감을 주는 반면 적에게는 미지의 공포감을 느끼게 할 수 있다. 성능을 알 수 없는 괴물체가 전장을 휘집고 다니며 소총 사격에도 쓰러지지 않기 때문이다. ④ 후방에서 운용되는 유무인자주포는 화력을 강화시켜 전방을 지원하지만 편제상 1명뿐인 자주포 운용병 입장에서 보면 고립감과 공포심을 느낄 수 있다. ⑤ 휴머노이드 전투원은 인간과 달리 지치지 않는 체력, 정확한 상황 파악과 전천후 사격능력으로 인간 전투원에게 '든든한' 신뢰감과 안정감을 부여할 수 있다. 인간 전투원이 휴머노이드 전투원에게 많은 부분에서 의지하게 될 것이다.

인간 전투원과 지휘자는 비대면 지휘와 공간적 이격으로 인간적인 갈등은 감소하겠지만, 감정교류가 제한되어 제대로 된 리더십 발휘가 어려워지는 상황에 맞닥트릴 수 있다.

무인체계	유인 전투원의 심리적 영향
① 지뢰개척 로봇	• 지뢰개척 로봇 先 투입 → 생존성 보장, 위험 회피 → 심리적 안정
② 다양한 드론	• 상공의 다양한 드론 → 전장 가시화, 위협 제거 → 안도감(적에게 공포)
③ 견마 로봇/ 무인차량	• 견마로봇/무인차량 先 투입 → 생존성 보장, 효율성 증대 → 신뢰감 증대
④ 유무인 자주포	• 유무인자주포(전투원 1명이 운용) 운용 → 생존성 보장, 효율성 증대 → 반면, 전투원은 고립감, 공포 증대
⑤ AI기반 자율 전투로봇	• 정서적 교감이 가능한 AI 기반의 자율 전투로봇 투입 → 교감, 상황판단 / 결심 지원, 생존성 보장 → 전우애(신뢰) 증대, 심리적 안정(반려로봇 효과)

표-7. 무인체계에 운용에 따른 유인 전투원의 심리적 영향[124]

---

124 AI 기술 발전에 따른 무기체계의 운용을 고려하여 육군리더십센터에서 연구하여 정리한 내용임.

만일 휴머노이드 전투원이 자의식과 감정을 갖추었다면 인간 전투원, 지휘자와 정서적인 상호작용을 하게 될 것이다. 즉, 인간은 휴머노이드 전투원을 대상으로 새로운 리더십을 발휘해야 한다. 이상에서 알아본 것처럼 유무인복합전투체계에서 인간은 무인체계로부터 상당한 심리적 영향을 받는다. 만일 휴머노이드 전투원이 자의식과 감정을 탑재하게 된다면 지금까지의 '인간과 인간 간의 리더십'에 더해 '인간과 휴머노이드 간의 리더십'이라는 새로운 국면이 현실화될 것이다.

Army TIGER 부대 지휘관(자)이 말하는 부대원의 심리 변화

2024년 현재, 육군에서 시범 적용하고 있는 ○사단 Army TIGER 부대는 2040년 Army TIGER 부대의 초기 버전으로 최종상태 모습과는 상당한 차이가 있다. Army TIGER 여단의 지휘관(자)을 인터뷰했다. 인터뷰를 통해 2040년 유무인 복합체계가 미치는 구성원의 심리적 변화의 한 단면을 확인할 수 있었다.

그 결과는 표-8과 같다. 부대의 주요 직위자들은 다양한 첨단 무기체계가 편성되면서 임무수행에 대한 신뢰도가 증대되어 든든함을 느끼고 있었다. 또한, 드론과 무인로봇 운용이 제공하는 생존성 보장으로 임무수행에 자신감을 느끼고 있었다.

반면 무인체계의 확대로 인해 술(術)적인 상황판단의 비중 감소와 장비 증가에 따른 일부 작전활동 제한, 지속지원에 대한 지휘 부담을 동시에 느끼고 있었다. 향후 '유무인 복합 전투체계와 전장리더십' 연구에 이들의 인터뷰 결과는 참고할 만하다.

구분	주요 의견
여단장	• 무인체계의 실수 가능성 감소 → 임무수행 신뢰도 증가 • 입력 Data에 의한 전투수행 → 지휘관의 술(術)적인 상황판단 비중 감소 • 장비 증가 → 지속지원 부담 증가
대(중)대장	• 드론, 무인로봇 운용 → 적에게 불안, 공포 가중 • 비대면 지휘 증가, 감정교류 제한 → 인간적 갈등 감소, 제대로 된 리더십 발휘가 어려워짐.
분대장	• 지뢰제거로봇 등 위험한 임무를 무인체계 운용 → 든든함, 고마움 • 통신장비 증가 등 전투하중 증가 → 일부 작전활동 제한

표-8. Army TIGER 부대 지휘관(자) 인터뷰 주요 의견

미래 '육군 리더십 모형(Warrior 모형)'의 변화 예측

'육군 리더십 모형(Warrior 모형)'은 그림-4와 같이 '육군 리더상'과 요구되는 '역량'[125]으로서 6대 범주, 27개 핵심요소를 제시한 모형이다.

---

125 역량은 '어떤 일을 해낼 수 있는 힘'(표준국어대사전)이다. 최근 리더십 이론, 민간기업에서 '역량'을 업무 성과에 영향을 주는 '행동 특성'(行動 特性)의 개념으로 확대하여 강조하고 있다.

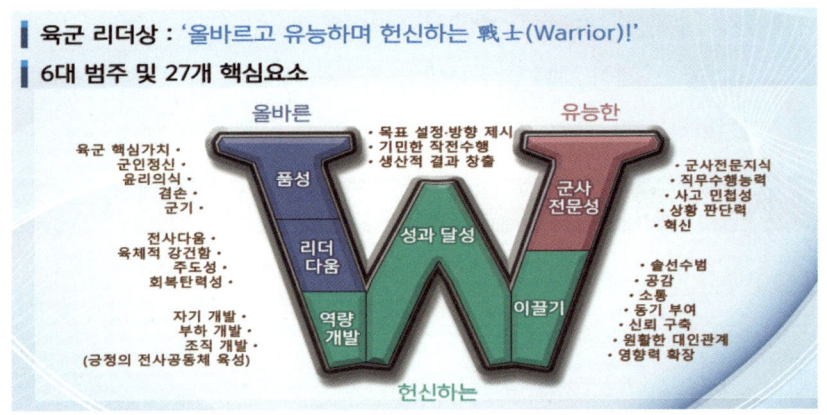

그림-4. '육군 리더십 모형(Warrior 모형)'

이 모형은 칠흑같이 어두운 밤바다를 항해하는 배에 올바른 방향을 알려주는 등대와 같이 육군 모든 리더가 추구해야 할 '이상적인 최종상태(기준)'를 제시한다. 그러나 '육군 리더십 모형(Warrior 모형)'은 불변의 대상이 아니며, 핵심요소의 실제 적용에 있어 수준별(직접·조직·전략리더십)로 상대적 중요도와 우선순위를 다르게 적용하여 '선택과 집중'이 가능할 뿐만 아니라, 시대적 요구와 환경 변화에 맞춰 추가, 삭제, 통합, 변경되어야 한다.

앞에서 제시한 **'특이점'의 발생으로 인해 인간과 정서적으로 교감하는 휴머노이드 전투원(AI기반 자율 전투로봇)이 등장하게 되고, 이들의 등장은 리더와 유인 전투원의 심리에 큰 영향을 주게 됨으로써 육군 리더에게 요구되는 역량을 제시한 '육군 리더십 모형(Warrior 모형)'에 큰 변화를 초래할 것이다.** 어떠한 변화가 있을지 예측했다.

새롭게 '추가'될 것으로 예상되는 역량

리더의 역량으로서 새롭게 추가될 것은 아래 표-9와 같이 '미래 리터러시', '디지털 리터러시', '디지털 윤리', '워리어 스피릿' 등이 될 것이다.

핵심요소명	추가 배경
미래 리터러시[126] (Futures Literacy)	• 미래를 읽고 쓸 줄 아는, 즉 현재에 나타나는 미세한 신호를 읽어 미래의 큰 변화를 예측하는 역량
디지털 리터러시[127] (Digital Literacy) *기존 '군사전문지식' 대체	• AI와 협업을 위한 디지털 정보를 이해, 평가, 조합 능력이 필요 • AI, 로봇 등 다양한 디지털 무기체계 활용능력 요구
디지털 윤리 *기존 '윤리의식' 대체	• Sensor- Shooter 직접연결로 죄의식 저하, 무분별한 살인 증대에 따른 인간 존엄성 보장대책 필요 * AI기반 자율 전투로봇 통제방안 강구 필요
워리어 스피릿 (Warrior Spirit) *기존 '군인정신' 대체	• 유인 전투원(軍人) 외 무인 전투원에게 공통적으로 요구되는 전사(戰士, Warrior)정신 필요

표-9. 새롭게 '추가'될 것으로 예상되는 역량

---

126   미래 리터러시는 미래를 읽고 쓸 줄 아는 능력을 뜻하며 미래 문해력이라고도 한다. 이 개념은 유네스코에서 '21세기 리더가 반드시 갖춰야 하는 필수 능력'으로 지정하며 처음 사용됐다. 매일경제. 2023.

127   디지털 리터러시는 디지털 플랫폼의 다양한 미디어를 접하면서 명확한 정보를 찾고, 평가하고, 조합하는 개인의 능력을 뜻하며 디지털 문해력이라고도 한다. 위키백과. 2023.

리더의 미래 예측능력은 중요하다. 수집된 정보를 바탕으로 현재에 나타나는 미세한 신호를 읽어 미래의 큰 변화를 예측하는 역량인 '미래 리터러시'의 중요성이 증대될 것이다. 그리고 모든 것이 디지털화되는 미래 환경에서 AI와 협업을 위한 디지털 정보 이해, 평가, 조합하는 능력인 '디지털 리터러시'가 중요해질 것으로 본다.

또한, 인간 전투원과 휴머노이드 전투원에게 공통으로 요구되는 전사(戰士)정신으로서 '워리어 스피릿'이 요구될 것이다. 또한, 센서(Sensor)-슈터(Shooter)의 직접연결로 살상에 대한 죄의식 저하, 무분별한 살인 증대에 따라 인간 존엄성 보장대책이 필요하다. 특히 휴머노이드 전투원을 통제하는 방안으로서 '디지털 윤리'가 중요해질 것이다. AI와 협업을 위한 디지털 정보를 이해, 평가, 조합하는 능력 역시 요구된다. AI, 로봇 등 다양한 디지털 무기체계 활용능력이 증대됨에 따라 '디지털 리터러시'가 인간 리더에게 새로이 요구될 것으로 예측된다.

중요성이 상대적으로 '증대'될 것으로 예상되는 역량

리더에게 상대적으로 중요해 질 것으로 예상되는 역량은 표-10과 같이 '주도성', '혁신', '공감', '소통', '신뢰 구축' 등이다.

AI에 의한 계량화된 의사결정 지원이 증대됨에 따라 역으로 인간의 주도적 판단영역이 중요해진다. 이에 인간 리더에게 '주도성'이라는 역량은 더욱 중요해질 것이다. 또한 변화무쌍한 과학기술 발전에 따른 일상화된 혁신적 마인드의 요구에 따라 '혁신'이라는 역량의 중요성 역시 중요해질 것이다. 인간 전투원과 휴머노이드 전투원 간의 소통, 협업 및 조정의 중요성이 증대되고, 비대면 환경에서 분리된 인간 전투원의 심리를 이해하고 원활한 소통방법을 강구해야 하므로 '공감'과 '소통' 역량은 상대적으로 더욱 중요해질 것이다. 또한 인간 전투원과 휴머노이드 전투원 간의 새로운 관계 설정 필요성이 증대되고, 비대면 환경에서 고립감을 느끼는 인간 전투원에게 올바른 영향력을 발휘해야 하므로 '신뢰 구축' 역량이 인간 리더에게 더욱 중요해질 것이다.

핵심요소명	추가 배경
주도성	• AI에 의한 계량화된 의사결정 지원이 증대됨에 따라 역으로, 사람의 주도적 판단 영역 중요성 증대
혁신	• 변화무쌍한 과학기술 발전에 따른 일상화된 혁신적 마인드 요구
공감	• 유인 및 무인 전투원이 처한 환경과 심리변화에 대한 이해 필요
소통	• 사람과 무인체계간 소통, 협업 및 조정(AI/로봇Ship) 중요성 증대 • 비대면 환경에서 이격된 유인 부하와의 소통방법 강구 필요
신뢰 구축	• 사람과 무인체계간 새로운 관계 설정 필요성 증대 • 비대면 환경에서 고립감을 느끼는 부하에게 올바른 영향력 발휘 필요

표-10. 중요성이 상대적으로 '증대'될 것으로 예상되는 역량

중요성이 상대적으로 '감소'될 것으로 예상되는 역량

리더 역량 중 중요성이 상대적으로 감소되리라 예상하는 것은 표-11과 같이 '겸손', '부하 개발', '솔선수범', '원활한 대인관계' 등이다.

비대면 지휘와 계량화된 절차의 중요성과 비중이 증대됨에 따라 인간 고유 미덕인 '겸손'의 중요성은 상대적으로 약해질 것이다. 또한 휴머노이드 전투원에게 탑재된 자체 학습능력과 맞춤형 교육 지원시스템의 구비는 유·무인 전투원들의 능력을 상향 평준화시켜 '부하 개발' 소요를 줄일 것이다. 정형화된 프로토콜에 의한 임무 수행, 비대면 환경 특성상 직접적인 리더십 발휘의 영향력은 줄어들 것이다. 이에 따라 리더십의 대명사와도 같은 '솔선수범'의 가치는 상대적으로 약화될 것이다. 또한 기존 인간관계를 벗어난 휴머노이드 전투원과의 새로운 관계 설정의 중요성 증대로 인해 '원활한 대인관계' 역량의 중요성은 상대적으로 약해질 수 있다.

핵심요소명	추가 배경
겸손	• 비대면 지휘, 계량화된 절차 중요성·비중 증가
부하 개발	• AI기반 자율 전투로봇이 스스로 학습 + 맞춤형 교육 지원(유인) 정착 * 반면, 독립성·자주성을 갖춘 유인 부하 개발의 중요성은 증대
솔선수범	• 정형화된 프로토콜(규약)에 의한 임무수행 증가 • 비대면 환경 특성상 직접적인 리더십 발휘 영향력은 감소
원활한 대인관계	• 기존 인간관계를 벗어난 AI(무인)와의 새로운 관계 설정·중요성 증대

표-11. 상대적 중요성이 '감소'될 것으로 예상되는 역량

지금까지 예측한 '육군 리더십 모형(Warrior 모형)'의 변화를 정리하면 그림-5와 같다. 이상의 예측은 다분히 저자 개인의 주관적인 것이다. 특히 상대적 중요성의 증대와 감소에 대한 이견이 분분할 수 있다.

그림-5. 미래 '육군 리더십 모형' 변화

다만 이러한 문제 제기가 미래 리더 역량의 변화와 대비에 대한 담론을 형성하고, 다양한 검토와 토의의 시작이 되는 출발이 되기를 바란다. 향후 과학기술의 발전과 연계되어 나타나는 현상을 예의주시하고 정밀하게 분석하면서 예측에 대한 검증이 요구된다.

제4절 향후 심층적인 '미래 전장리더십' 연구를 위한 추진 방향

2040~50년은 먼 미래이지만 그 준비의 시점은 현재이어야 한다. 발전의 속도와 크기, 폭, 방향을 예측하기 어려울 때는 더더욱 '준비'의 중요성이 강조된다.

무엇을 준비해야 하는가?

'미래 전장리더십'을 위해 우리 군은 무엇을 준비해야 하는가? 첫째, 과학기술을 주도하는 민간과 선진국을 주목해야 한다. AI 기반 유무인 복합체계 관련 민간 기술 및 외국군 발전사항을 모니터링하면서 민간 전문가 집단과의 협업과 토의를 통해 과학기술 변화와 영향을 연구해야 한다.

첫째, Army TIGER 전투실험 등 미래 과학기술과 무기체계의 전투실험에 적극적으로 동참하여 토의하고, 미군 RAS 등 외국군에서 선제적으로 발전시킨 개념과 기술을 연구하여 벤치마킹 소요를 도출하고 한국군 적용 방안을 발전시켜야 한다.

둘째, '미래 전장리더십' 연구 차원에서 AI 기반 유무인 복합전투체계가 사람 심리에 미치는 긍정적, 부정적 영향과 리더의 역할을 보다 정교하게 규명해야 한다. 이를 위해 비대면 환경에서의 리더의 리더십 발휘

방안과 자주성을 갖춘 부하(Self Leadership) 육성을 위한 평시 개발 방안, 리더-AI 기반의 자율 전투로봇간 상호작용을 연구해야 한다.

셋째, AI 발전이 전략·조직적 수준의 리더십에 미치는 영향에 대한 연구로 확장되어야 한다. 앞에서 제시된 내용은 리더가 구성원들과 직접 접촉할 때 발생하는 심리적 변화에 주목한 '직접적' 리더십 수준이 대부분이기 때문이다.

넷째, 리더가 휴머노이드 전투원(AI기반의 자율 전투로봇)에게 발휘하는 영향력에 대한 적절한 용어(가칭 'AI/로봇Ship')를 새롭게 정의해야 한다.

다섯째, 유무인 복합체계는 아군만이 아니라 적도 발전시키고 있다. 그러므로 '북한군'의 유무인 복합전투체계 수준을 모니터링하면서 아군에 미치는 영향을 분석하고 대비해야 한다.

무엇을 준비해야 하는가?

AI가 부각되면 상대적으로 경시될 수 있는 '인간 존재에 대한 사유'는 더욱 깊어져야 한다. 이를 위한 인문학적 소양 교육이 강화되어야 한다. 또한 '기술' 자체에 지나치게 함몰되지 않는 것이 중요하다. 미래의 변화는 역시 '기술'이 선도하겠지만 AI를 능가하는 인간 고유의 주체적인 판단력과 통찰력이 더욱 요구됨을 명심해야 한다. 또한 AI 발전에 따른 필연적으로 파생되는 윤리적인 문제에 주목해야 한다. 과학기술 발전에 따라 '살인을 게임하듯' 죄의식 없이 행해질 수 있는 현장의 조치에서 '인간' 중심적 사고와 가치를 잃지 않는 것은 중요하다.

연구 Road-Map

'미래 전장리더십' 연구는 한순간에 이루어지지 않는다. 첨단 과학기술과 무기체계 발전 속도와 긴밀하게 연계하여 점진적이고 장기적으로 추진해야 한다. 연구를 위한 장기 Road-Map은 아래 표-12와 같다. 시점을 2040~50년 전후로 가정하였으나 이는 과학기술의 발전 속도에 따라 일정의 적용은 탄력적으로 조정되어야 한다.

'25년	'26년 ~ '28년	'29년 ~ '31년	'32년 ~ '34년	'35년 ~ '40년
· 자료수집/ 현장확인 · 전투실험 동참/토의 · 관련 기관 방문/토의	· 연구용역 추진 · 유무인 복합 전투체계 발전 기술 영향 분석 · AI 기반의 미래 육군 리더십 필요성 제기	· 2050 육군 리더십 전략 발간 · 과도기 요구되는 역량 제시	· 미래 '육군 리더십 모형' 정립	· 새로운 '육군 리더십 모형' 시행 (가칭 AI/로봇Ship)

표-12. '미래 전장리더십' 연구 Road-Map

육군리더십센터는 육군 리더십 연구와 교육의 메카다. 육군리더십센터를 중심으로 '미래 전장리더십' 연구를 본격적으로 추진할 것이다. 전문가 집단과 협업을 통해 '미래 전장리더십' 정립을 위하여 과도기에 준비해야 할 역량과 유무인 복합전투환경에서의 심리 현상 변화와 요구되는 리더십 역량 등을 발전시키고자 한다.

아울러 이미 육군리더십센터에서 작성하여 발표한 '2030 육군 리더십 전략', '제4차 산업혁명 기술과 연계한 군(軍) 리더십 발전방안', '여군 증가에 따른 리더십 발전방안', '유무인 복합전투체계와 리더십 연구' 내용을 최신화(update)하여 '2050 육군 리더십 전략'을 발간하고자 한다.

또한, 과학기술과 무기체계가 사람 심리에 미치는 영향을 분석하기 위해 Army TIGER 보병여단 구성원의 심리 변화를 지속 추적하여 분석하고, Army TIGER 보병여단 전투실험 현장을 지속적으로 확인해 보완소요를 도출할 것이다.

AI 기반 유무인 복합전투체계와 관련된 미래혁신연구센터, ADD, ETRI, KAIST, KIDA 등과의 긴밀한 협업이 필요하다. 또한, 현재 진행 중인 '러시아-우크라이나 전쟁'과 '이스라엘-하마스 분쟁'에서 등장하는 유무인 복합전투체계 운용실태를 잘 분석하여 우리 군에 적용할 방안을 고민해야 한다.

미래에 리더에게 새로이 '추가'되거나 상대적 중요성이 '증대'될 것으로 제언한 역량들에 대해 연구하고, 그 함양방안을 교육해야 한다. 미래에 요구되는 역량을 구비하는 것이 곧 미래전을 대비한 전투준비를 의미하기 때문이다.

또한, 각 군의 유무인복합전투체계 시범부대가 제대로 구현되고 진화되도록 군 수뇌부의 관심과 노력이 요구된다. 이들 부대의 전투실험 현장에서 나타난 문제점을 중심으로 발전방안을 모색해야 한다.

2040~50년은 어느 순간에 도래한다. 2040년이 다 되어서 준비하려 하면 이미 늦는다. Road-Map에서 제시한 것과 같이 과도기('29~'31년)에 요구되는 역량을 식별하고 준비해야 하며, 2040~50년이 다가오기

전인 '32~'34년에는 미래 환경에 최적화된 '육군 리더십 모형(Warrior 모형)'을 정립해야 한다. 이것이 '미래 전장리더십'에 대한 준비이다.

제5절 결 론

미래의 혁신적인 과학기술과 무기체계의 발전은 '정서적 교감이 가능한 휴머노이드 전투원(AI기반 자율 전투로봇)' 출현을 가능하게 할 것이다. 이렇게 되면 전장에서 발휘되는 리더십에 대한 그간의 상식이 달라진다. 그 변화의 방향과 크기, 속도를 예측하고 이에 맞춘 우리 육군의 전장리더십을 연구해야 한다. '전장리더십'의 과거, 현재와 미래에 대한 연구는 군인의 정체성이자 자존심이며, 군인이 발전시킬 수 있는 특화된 영역이기도 하다. 본(本) 연구를 통해 미래 육군의 모습과 '육군 리더십 모형'의 변화를 예측하고 '미래 전장리더십' 연구를 위한 추진방향을 제시했다.

특이점이 도래할 것으로 예측되는 2040~2050년에도 전장의 주체는 여전히 '사람'일 것이다. 그러나 AI 기반 무인체계의 획기적 변화는 리더와 구성원의 심리와 관계에 큰 영향을 줌으로써 기존 리더십에 근본적인 변화를 초래할 것이다. 전시, 전투현장에서 발휘되는 전장리더십 역시 기존의 연구방법과 다른 접근이 절실하다. 이에 대한 우리의 대비가 충분할 경우 **'준비된 우리의 미래 전장리더십 역량'은 대북 비대칭전력으로 작용할 것이다.** 미래 전장리더십에 대한 준비는 미래전의 승리를 보장하는 또 다른 열쇠다.

하지만 이 연구는 불투명한 미래를 예측하고 그를 전제로 하여 작성된 것이므로 향후 변경 소요가 많을 것이다. 이러한 한계에도 불구하고 본 연구가 육군을 넘어 해군, 공군, 해병대 리더십 연구관들에게도 의미 있는 인사이트(Insights)를 제공하기를 기대한다. 우리 군이 미래 준비에 대한 중요성을 인식하고, 첨단 과학기술 및 무기체계 발전과 연계한 각 군별 '전장리더십'을 연구하고 대비함으로써 전투 승리에 기여하는 계기가 되기를 기대한다.

참고문헌

1. 단행본
- 인공,『AI에게 AI의 미래를 묻다』. 2023.
- 헨리 키신저,『AI 이후의 세계』. 2023.
- KAIST 미래전략연구센터,『KAIST 미래전략 2023』. 2022.
- 배정철,『인공지능 시대의 주요 기술』. 2022.
- 김태헌,『AI 소사이어티』. 2022.
- 이주선,『AI 임팩트』. 2021.
- 한지우,『AI는 인문학을 먹고 산다』. 2021.
- 김경준,『AI 피보팅』. 2021.
- 표트르 펠릭스 그지바치,『4차 산업혁명 시대의 뉴 엘리트』. 2020.
- 사이토 가즈노리,『AI가 인간을 초월하면 어떻게 될까?』. 2018.

2. 연구논문
- 윤여표, "전장리더십이 전투력에 미치는 영향에 관한 연구", 대전대학교 대학원 군사학과 박사학위 논문, 2015.

3. 관련교범 및 서적
- 국방부,『국방혁신 4.0』. 2023.
- 육군본부,『육군비전 2050 수정 1호』. 2022.
- 육군본부,『Army TIGER 종합발전 실행계획』. 2022.
- 육군본부,『육군 과학기술 발전계획 Ⅰ·Ⅱ』. 2022.

- 육군본부, 기준교범 8-0 『육군 리더십』. 2021.
- 육군본부, 『리더십 자기개발서(초급·중견·고급)』. 2018.

4. 기타

- 육군교육사령부, 『육군과학기술연구 제3호』인간- 기계 인터페이스 및 웨어러블 센서 기술 동향 고찰을 통한 유무인 복합 전투체계/워리어플랫폼 적용방안. 2023.
- 육군교육사령부, 유무인 복합전투체계 군사적 활용방안과 발전방향. 2023.
- LIG 무인체계연구소, AI기반의 MUM-T 공통 아키텍처 및 프레임워크 개발방향. 2023.
- 한국전자통신연구원, AI 및 빅데이터 중심의 국방 메타버스 발전방안. 2023.
- 한국지능정보사회진흥원, ChatGPT는 혁신의 도구가 될 수 있을까?. 2023.
- 인공지능 무기체계 개발 및 국방 AI 기술 발전 방향. 2023.
- 국방과학연구소, 유무인 협업을 위한 국방 로봇&자율 시스템 연구개발. 2023.
- 한화시스템, 지상 MUT-T 지휘통제 개발현황 및 발전방향. 2022.
- 한국국방연구소, 군사적 인공지능(AI)의 법적(윤리적) 문제에 대한 검토. 2020.
- 육군미래혁신연구센터, 미래 전쟁의 패러다임과 2050년 미래군의 작전수행개념. 2020.
- 안보경영연구원, 유무인 복합체계 구현을 위한 기동 전투장비의 무인화 운용 적용 방안. 2018.
- 육군리더십센터(윤여표, 김왕선), 「2030 육군 리더십 전략」. 2020.
- 육군리더십센터(윤여표), 여군 증가에 따른 리더십 발전방안. 2020.
- 윤여표, 『전투발전지 158호』제4차 산업혁명 기술과 연계한 軍 리더십 발전방안. 2019.

제6장

전장리더십 평시 함양방안

제1절 서 론
제2절 전장리더십 교육내용 면
제3절 전장리더십 교육방법 면
제4절 전장리더십 평가 및 교육시스템 면
제5절 기타 면
제6절 결 론

요약

평시에 준비되지 않으면 전시에 발휘될 수 없다. 전장리더십은 전쟁과 전투의 승리를 좌우하는 무형전투력의 핵심이다. 앞의 여러 장들을 통해 전장리더십의 중요성과 역할, 사례 등을 살펴보았다. 이제 중요한 것은 우리 군이 평시에 전장리더십 역량을 높게 함양하는 것이다.

함양방안을 교육내용 면, 교육방법 면, 평가 및 교육시스템 면, 기타 면으로 구분하여 제안했다. 교육내용 면에 있어서는 '주도성' 배양을 위한 ASAT 체계 구축, '전략적' 수준의 전장리더십 연구를 제안했다. 교육방법 면에서는 VR·MR 등을 이용한 가상 전장리더십 훈련체계 구축, 전장리더십훈련장 설치 확대, '학생주도 학습방법(Flipped Learning)' 완전성 보장을 제안했다. 평가 및 교육시스템 면에서는 전술훈련 평가지침서에 전장리더십 평가요소 및 세부 평가항목을 추가하고, 전장리더십 관련 교관의 전문능력을 향상시켜야 함을 강조했다. 기타 면에서는 북한군 리더십 연구의 필요성을 제시했다. 또한 실제 전투 및 해외파병 참여 기회를 확대하고, '전장리더십 사례집' 발간 및 활용, '여군 및 다문화가정'이 전장리더십에 미치는 영향 연구 등을 제안했다.

*주요 용어

교육내용, 교육방법, 평가 및 교육시스템, ASAT, 전략적 리더십, 학생주도 학습방법, 전술훈련 평가지침서

제1절 서론

'전투결과에 결정적인 영향을 미치는 전장리더십 역량을 평시에 어떻게 함양시킬 수 있는가?'라는 물음에 대한 답을 제시하고자 노력했다. 전장리더십 역량에 대한 연구는 접근방법에 따라 다를 수 있다. 영역별[128]로는 학교교육, 부대훈련, 자기개발 등으로 구분할 수 있으며, 수준별[129]로는 전략적 리더십, 통합적 리더십, 행동적 리더십 등으로 구분할 수 있다. 구성요소별[130]로는 내용, 방법, 시스템 등으로 구분되기도 한다. 본 논문에서는 구성요소별 구분을 기본으로 하되, 영역별로는 학교교육과 부대훈련, 수준별로는 행동적 리더십 수준에 해당한다.

전장리더십은 전쟁과 전투의 승리를 좌우하는 무형전투력의 핵심이다. 이 무형전투력은 평시에 준비되어야 한다. 평시에 준비되지 않으면 전시에 발휘될 수 없다. 앞의 여러 장들을 통해 전장리더십의 중요성과 역할, 사례 등을 살펴보았다. 이제 중요한 것은 우리 군이 평시에 전장리더십 역량을 높게 함양하는 것이다. 함양방안을 교육내용 면, 교육방법 면, 평가 및 교육시스템 면, 기타 면으로 구분하여 제안했다.

128　육군본부, 교육참고 8-7-19 「리더십 교육 프로그램」, 2008. p.1-3.

129　육군본부, 야전교범 지-0 「군 리더십」, 2011. p.3-4.

130　리비트(1964)의 '조직변화 관리전략' 모형을 준용하여 내용, 방법, 시스템으로 구성했다.

제2절 전장리더십 교육내용 면

'주도성' 배양을 위해 ASAT 체계 구축

　육군리더십센터에서 야전부대를 대상으로 리더십 야전 효과성 진단을 실시[131]했다. 야전 효과성 진단은 학교기관에서 배운 리더십 교육이 야전에서 유용했는지, 미흡한 것은 무엇인지, 야전 지휘관(자)들에게 필요한 자질과 역량은 무엇인지를 확인하여 리더십 교육 프로그램에 반영하기 위해 실시한다. 이 진단에서 중·소대장에게 가장 필요한 역량이 무엇인지를 확인한 결과 우선순위 1위가 '주도성'이었다. 주도성은 육군의 지휘개념이요 지휘철학으로 삼고 있는 '임무형지휘'의 핵심 요소라고 할 수 있다.[132] 피동적이지 않고 주도적으로 '상황 판단, 결심, 대응'하는 일련의 절차는 전투지휘에 있어 가장 중요한 프로세스라고 할 수 있다. 'KCTC 훈련부대에 대한 전장리더십 평가'에 의하면 표-1 같이 육군 초급간부들의 전장리더십 역량 중 가장 미흡한 요소가 '주도성'이었다.

131　육군리더십센터, "리더십 야전 효과성 진단 계획", 2023.

132　육군본부, 교육참고 0-6-1 「임무형 지휘」, 2011, p.1-4.

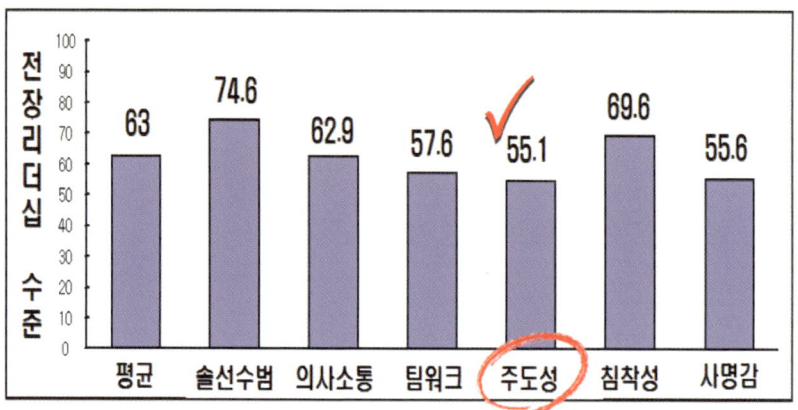

표-1. 전장리더십 평가 결과

    초급간부들의 주도성이 미흡하다고 위기의식을 갖는 것은 미군도 마찬가지다. 육군교육사령부에서 미 육군교육사령부에 파견한 교환교관의 보고[133]와 인터넷에 게재된 미 해병대 핸드북 내용[134]에 의하면 미군 초급간부들이 전장에서 피동적이지 않고 선제적으로 주도권을 장악하기 필요한 교육과정을 신설했음을 알 수 있다. 이 보고서에 의하면 미군은 이라크·아프가니스탄 10년 전쟁에서 소부대급 지휘관(자)들이 전투에서 적을 압도하지 못하고 적의 공격 이후에 피동적(Reactive)으로 대응하는 수준에 머물러 상당한 피해를 입었음을 반성하고 있다. 이를 극복하기 위한 대안이 ASAT 프로그램(Advanced Situation Awareness Training:

---

133   이영섭, 2013년 9월 교환교관보고서 "미 육군 고등상황인식훈련(ASAT) 소개", 2013.

134   미 해병대 사령부 홈페이지(http://www.usmcofficer.com/wp-content/uploads/2014/08)

고등상황인식훈련) 이다. 그림-1은 ASAT의 개념도이다.

그림-1. 미군의 ASAT 개념도

ASAT는 Advanced Situation Awareness Training의 약자로서 직역하면 '고등상황인식훈련'이다. 위험이 발생하고 나서야 대응하는 수준에서 벗어나 위험을 사전에 예지하고 선제적·능동적(Proactive)으로 조치하여 전장을 주도할 수 있는 능력을 갖추도록 설계된 프로그램이다. 이는 인간중심 개념(Human Dimension Concept)의 세부 실천적 훈련방법이라 할 수 있다. 미 해병대에서 'Combat Hunter(전투 사냥꾼)'라는 개념 하에 2011년에 최초로 구상되어 영국 육군에 전파가 되었고, 2013년에 미 육군에서 이 개념을 받아들여 보병 및 기갑 초군반, 중급반, 파병부대를 대상으로 50시간 교육하고 있다. 표-2는 ASAT의 구체적 시간계획이다.

구분	1일차	2일차	3일차	4일차	5일차
장소	강의실	강의실	강의실	훈련장	훈련장

과목	- 관측요령 I
	- 두뇌 구조 및
	  역할 이해
	- 문제해결
	- 예방적 사고
	- 테러리스트
	  7대 양상
		- 인간행동
		  6대 영역
			- 전투력 배가
			  5대 요소
			- 전투현장의
			  3원칙
			- 사진 및 동영상
			  을 통한 실습
			- 관측요령 II
				- 실전적용
				  훈련
				
				* 시나리오
				  1-4/야간
				  시나리오
					- 실전적용
					  최종훈련
					
					* 시나리오
					  5-8

표-2. ASAT 시간계획

이중 가장 핵심적인 내용이라 할 수 있는 '인간행동 6대 영역(6 Six Domains)에 대해 간략히 알아보면 그림-2와 같다.

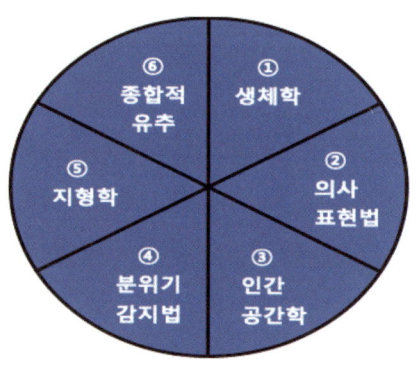

그림-2. 인간행동 6대 영역

먼저 생체학(Biometirics)은 인간의 생체적 반응은 문화의 차이나 인종, 지역에 구분 없이 동일하다는 원리를 적용하여 생체 현상에 따른 인간의 심리적, 물리적 상태를 판단하는 방법으로서 주로 포로나 범인 심문 등에 이용된다. 예를 들어 안면 홍조, 동공 확대, 안구 충혈, 체온변화 등을 통해 적대감, 모멸감, 분노, 흥분, 마약복용 상태 등을 확인할 수 있다.

둘째, 의사표현법(Kinesics)은 인간의 보디랭귀지, 얼굴표정 등을 통해 기쁨, 불안 등의 심리상태 및 행동 양상을 판단하는 방법이다. 예를 들어 '사람의 발가락은 관심이 있는 쪽으로 향하게 되어 있다.' 즉, 발가락이 문을 향해 있으면 그 사람은 그 자리를 떠나고 싶은 상태이다. 진심 어린 미소는 얼굴 양쪽이 비대칭적이며, 특히 눈가에 주름이 많이 생긴다.

셋째, 인간 공간학(Proxemics)은 사람 사이의 거리 또는 사람과 사물과의 거리에 따라 현재 처한 상황을 이해할 수 있다. 즉, 사람들 사이에서 있는 위치 및 거리에 따라 누가 지도자이고 누가 추종자 또는 하급자인지를 구분할 수 있다. 예를 들어 '아프가니스탄 지역 주민 사이에 자살폭탄 테러범이 섞여 있을 경우 사람들은 그 테러범으로부터 떨어져 있으려 하기 때문에 사람들 간의 거리를 유심히 관찰할 경우 테러범을 구분할 수 있다는 것이다. 일반적으로 서양인들은 남미 또는 아랍사람들 보다 대화 시 거리를 더 유지하려고 한다. 일반적 사람 사이에 있어 친근한 거리(포옹, 속삭임)는 0.5m 이내, 개인적 거리(친한 친구, 가족 사이)는 0.6~2.5m, 사회적 거리(알고 있는 사람 사이)는 1.5~3.5m, 공적 거리(대중 연설을 위한 거리 등)는 4.5~7.5m 이상이다.

넷째, 분위기 감지법(Atmospherics)은 전장지역의 모습(Sights), 소리(Sound), 냄새(Smell), 맛(Taste) 등 느낌(Feel)의 변화를 통해 전장상황을 인식할 수 있다. 예를 들어 '현지 지역주민의 일상적 행동 및 양상이 갑자기 멈추거나, 태도의 변화', '무엇인가가 있어야 할 곳에 없고 없어야 할 곳에 있는 경우', '거리의 보행자가 갑자기 없어질 경우', '상점이 예고 없이 닫는 경우', '현지 고용인이 부대 출근을 하지 않는 경우', '낯선 차량이 보일 경우' 등은 임박한 위험의 징후일 경우가 많다.

다섯째, 지형학(Geographics)은 인간과 지형(인공 또는 자연적인)과의 상관관계를 이해하여 상황인식 및 의사결정을 돕는 방법이다. 즉, 인간은 자신이 잘 알고 있고 익숙한 지형을 편하게 생각하고 의존한다. 따라서 적(반란군 또는 테러범)은 자신이 잘 알고 있거나 사전 충분히 연구된 지형 또는 지역을 이용하려고 한다. 예를 들어 IED 매설의 경우 매설 인원이 과거에 성공했던 지형과 유사한 지형 또는 지역을 선택하게 된다. 마지막으로 종합적 유추(Heuristics)는 경험 또는 학습한 내용에 기초하여 문제를 해결하거나 발견하는 방법이다. 전투현장에서는 현실적으로 정보의 부족과 시간 제약으로 논리적이고 완벽한 의사결정을 할 수 없다. 이런 경우 이상적인 완벽한 해답이 아니라 실현 가능한 해답이 필요하게 되므로 경험이나 직관을 사용하거나 시행착오를 거쳐서 충분히 학습된 지식을 통해 의사결정을 하는 것이 효과적이다. 즉, 인간행동, 습관 및 현지 문화적 특징을 사전 충분히 이해 및 숙지함으로써 전투현장의 소부대 지휘자 및 각개 병사들이 전장의 징후를 인지시 상급부대 보고 및 결심을 기다리며, 시기를 놓치지 않고 경험 및 학습한 지식을 바탕으로 상황을 종합적으로 유추하여 신속한 군사결심 및 상황조치를 가능하게 한다. 예를 들어 '불법 주차된 차가 번호판이 없이 한 쪽으로 심하게 기울어져 있고 정찰로를 따라 주차되어 있는 경우' 이 차량은 급조 폭발물이 장착되어 있다고 유추할 수 있다. 종합적 유추는 생체학, 의사 표현법, 인간 공간학, 분위기 감지법, 지형학 등 5가지 영역을 총괄하는 개념이라 할 수 있다.

비록 ASAT가 기본적으로 미군의 대테러작전의 교훈에서 출발한 것이지만 벤치마킹하여 우리 군에 적용할 가치가 충분히 있다. ASAT 개념을 도입하여 교육하면 전장리더십 역량 함양에 기여할 것으로 판단된다.

'전략적' 수준의 전장리더십 연구

각 군의 리더십센터의 리더십 연구는 대부분이 행동적·통합적 리더십 수준의 연구다. 전시에 발휘되는 전략적 수준의 전장리더십 연구는 온전히 각 군 리더십센터의 몫이다. 육군의 경우 BCTP 훈련이 1995년에 도입됐다. 사·군단장과 전투참모단의 전시 훈련을 위해 실시되는 이 훈련은 전시에도 지휘소 훈련이 대부분인 사·군단급 특성을 고려해볼 때 전시와 거의 유사한 상황에서 진행되는 훈련이라 할 수 있다. BCTP 훈련은 주 훈련 대상이 사·군단장임을 고려할 때 전략적 리더십 범주라고 할 수 있다. 그러므로 KCTC 훈련부대를 대상으로 전장리더십 평가요소와 세부 평가항목을 평가점검표에 반영하여 그 수준을 평가한 것처럼, BCTP 훈련시에도 장성급 관찰관에 의해 평가점검표를 기준으로 사·군단장들의 전장리더십 수준을 평가할 수 있는 평가요소와 세부 평가항목을 개발할 필요가 있다. 이러한 시스템이 정착되고 누적된 훈련 결과를 분석하게 되면 전략적 수준의 전장리더십 연구에 큰 진전이 있을 것으로 생각된다.

본격적인 시행에 있어 군 조직의 특성상 장군에 대한 평가는 현실적으로 제한사항이 많을 수 있다. 모든 것이 검증되어 장군의 반열에 오른 대상을 평가하는 것이 부적절하다는 부정적 인식으로 인해 공감대 형성 및 확산이 어렵고 평가결과에 대한 접근도 쉽지 않을 수 있다. 그러나 전시에 그 어느 계급보다 장군급 장교의 리더십 발휘는 전투, 전역, 전쟁의 승패를 좌우하는 결정적 요소가 될 것이다. 전략적 수준의 전장리더십에 대한 연구 필요성에 대한 공감대가 확산되고, 본격적인 자료 수집과 분석이 이루어지기 위해서는 정책적 차원의 의사결정이 필요하다.

전략적 수준의 전장리더십 연구와 평가 자체만으로도 '위로부터의 전장리더십 발휘'의 중요성에 대한 인식을 일깨우고 전략적 수준의 전장리더십 역량을 함양하기 위해 노력하는 계기가 되어 우리 군의 전투력 발전에 크게 기여할 것으로 판단된다.

제3절 전장리더십 교육방법 면

VR·MR 등을 이용한 가상 전장리더십 훈련체계 구축

전장 상황 묘사, 훈련콘텐츠, 분석/평가 체계 등 실제 전투와 유사한 환경을 조성하여 전장리더십을 훈련할 수 있는 체계를 구성하는 것이다. 훈련 시 생체인식 웨어러블 기기를 리더에게 착용시켜 리더의 심리상태를 계량화된 신체 정보로 파악하고, 전술조치를 통해 전장리더십이 어떻게 발휘되고 있는지 분석해서 피드백하는 시스템을 그림-3과 같이 구축해야 한다.

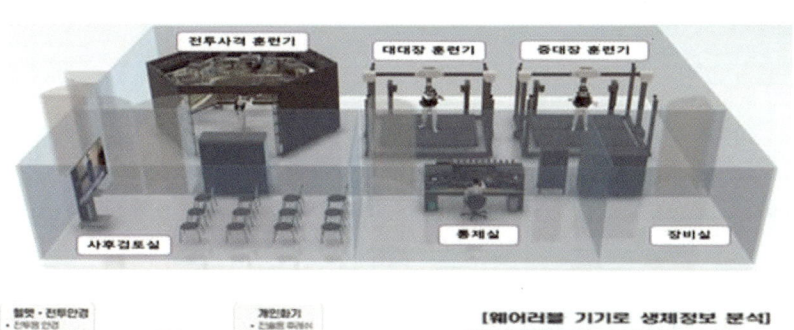

그림-3. 가상 전장리더십 훈련체계

새롭게 만들어질 '가상 전장리더십 훈련체계'에서 가장 중요한 부분은 전투의 특성과 심리현상을 반영한 극한의 다양한 전장 상황을 조성하는 것이다. 전장 상황은 적기출현, 포탄낙하 등 전투의 특성을 조성하는 것만 아니라, 전우의 사망, 고립, 민간인 오인사격(특히 부녀자나 어린아이 등) 등 정신적·도덕적으로 전장에서 겪을 수 있는 심리현상을 증강현실(AR)·가상현실(VR)로 동시에 조성해야 한다. 그리고 훈련하는 전투원들은 생체인식 웨어러블 장비를 착용하여 훈련함으로써 극한상황에서 맥박, 호흡, 동공의 변화 등 생체정보를 지속적으로 수집할 수 있다.

이러한 자료는 전문관찰단에 의한 관찰결과를 보완하고 사후검토 시 심리현상 변화에 대한 분석과 평가도 가능하게 한다. 또한 개인별 훈련 보완소요를 도출하여 맞춤식으로 심리치료나 회복탄력성 강화훈련을 가능하게 해준다. 이러한 '전장리더십 훈련 및 평가체계(案)'를 정리하면 다음과 같다.

구분		내용
훈련모델 (예)	#1 전장특성	• FTX + 적기출현, 포탄낙하 등 추가적인 증강현실(AR) 묘사
	#2 심리현상	• 전우 사망, 고립, 민간인 오인사격 등 정신적·도덕적 딜레마 상황을 증강현실(AR)·가상현실(VR)로 묘사
생체인식을 통한 전장상황 Big data 化		• 훈련인원 생체인식(Sensor) 웨어러블 장비 착용, 훈련 실시 • 훈련상황과 연계된 생체정보 수집 (맥박, 호흡, 동공 변화 등)
전문관찰관 관찰 및 평가		• 전장리더십 발휘요소 항목별 평가 (제대별 「전술훈련평가지침서」) • 인공지능(AI) 기반 생체 데이터 분석, 심리 강·약점 분석
후속조치		• 개인별 훈련 보완소요 도출, 차기훈련에 반영 • 맞춤식 심리치료, 회복탄력성 강화훈련

표-3. 전장리더십 훈련 및 평가체계(案)

 VR·MR 등을 이용한 가상 전장리더십 훈련체계를 구축하게 되면 평시에 피 흘리지 않고 전장 상황을 경험함으로써 전장리더십을 숙달할 수 있게 된다. 평시에 이 체계를 통해 숙달된 리더들은 전시에 효과적인 전장리더십을 발휘하게 될 것이다.

전장리더십훈련장(LRC: Leader Reaction Course) 설치 확대

　육군리더십센터에서는 전장리더십 교육 비중을 확대 편성하는 등 전장리더십에 대한 교육을 강화하고 있다. 그러나 이러한 노력에도 불구하고 전장리더십 교육의 제한사항은 그림-4에서 보는 것처럼 실내에서 진행되고 있다는 점이다.

그림-4. 현 전장리더십 교육내용 및 방법

　실내 교육의 구조적 한계는 그림-5에서 보는 것처럼 행동화 숙달이 불가능하다.

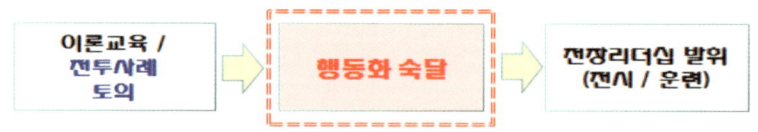

그림-5. 행동화 숙달 교육방법의 부재

아무리 전투실상을 잘 묘사한 동영상을 시청하고, 전장의 숨 막히는 상황을 사실적으로 묘사해서 실질적으로 토의를 진행한다 해도 전장리더십 역량을 행동으로 숙달시키는 것은 거의 불가능하다.

이를 극복하기 위한 현실적 대안으로 제시되고 있는 것이 바로 '전장리더십훈련장(LRC: Leadership Reaction Course)'이다. 이 훈련 시스템은 전장리더십훈련장을 통해 훈련하고 나면 개인과 팀원의 전장리더십 역량이 함양된다는 신념에서 출발한다. 이 개념은 1920년 독일군의 LETRA[135]에서 출발했다. 독일군의 LETRA는 전투에서 빈번하게 직면하는 6개 종류의 장애물을 과제화한 것이다. 이 훈련장은 일정한 보조재(각목, 상자, 밧줄 등)를 지급한 후 일정한 규칙(예를 들어 장애물에 칠해진 적색 페인트는 절대 밟아서는 안 되며 5분 이내 장애물 통과해야 한다. 등)내에서 개인이 아닌 팀 단위(4~5명)로 장애물을 극복하는 개념이다.

과제가 부여되면 팀원들은 팀장을 선출하고 팀장을 중심으로 머리를 맞대고 문제를 해결하고자 노력하게 된다. 6개 장애물 중 대표적인 두 가지 장애물은 그림 6, 7에서 보는 바와 같다.

그림-6. 지뢰지대 극복
(각목·상자·밧줄 이용)

그림-7. 늪지 극복
(각목·상자·밧줄 이용)

---

135 독일어 Lehr- und Training Anlage의 약자로서 '교육훈련장'을 의미

이외에도 3번 장애물은 타이어, 말뚝, 밧줄을 이용한 '파괴된 교량극복', 4번 장애물은 각목, 통나무를 이용하여 환자를 수송하는 '골짜기의 거친 하천 극복', 5번 장애물은 각목, 로프를 이용하여 하천을 도하하는 '절단된 교량에서 하천 극복', 6번 장애물은 각목, 로프를 이용하여 침투 및 탄약을 운반하는 '폐가 침입' 등이 있다. 독일군의 장교와 부사관 양성 및 보수과정인 보병교, 기갑/기계화학교, 부사관학교 등 3개소가 설치되어 있다.

독일군의 LETRA는 이후 여러 나라로 전파됐다. 1940년에 영국군에서 도입했으며, 미 공군은 1951년, 미 육군은 1953년, 미 해군과 해병대는 1992년에 전파됐다. 한국군 해병대의 전장리더십훈련장에 관한 육군리더십센터 보고서[136]에 의하면 브라질, 호주, 네덜란드군도 전장리더십훈련장을 도입하여 훈련에 활용하고 있다. 한국군 해병대에서는 미 해병대의 전장리더십훈련장을 견학하고 와서 똑같은 설계도면으로 1개소 설치하여 현재 운영 중에 있다. 미군들은 이 훈련장을 LRC라고 부른다. 이는 독일군의 LETRA와 운영 개념이 유사하다. LETRA에 비해 업그레이드된 훈련장으로서 미군이 지난 전쟁과 전투를 겪으면서 빈번하게 직면했던 각종 장애물을 반영하여 20개 장애물로 정형화한 것이다. 미군은 육군사관학교, 학군교, OCS, OBC, 부사관 양성 및 보수과정 등 6개소에 설치하여 활용 중에 있다. 우리 육군에서는 보병학교와 부사관학교에 각 1개소가 설치되어 있다. 구체적인 훈련장의 모습은 그림-8에서 보는 바와 같다.

---

136   윤여표, "전장리더십 역량 개발을 위한 훈련방안", 2013.

그림-8. 전장리더십훈련장 요도

20개 과제 중 1번, 2번 과제는 그림-9, 10에서 보는 바와 같다.

그림-9 포로수용소 탈출　　　　　그림-10. 교량 잔해 이용 도하
(사다리·파이프·로프 이용 장애물 통과)　(탄약상자를 들고 하천 건너기)

인터넷이나 유튜브(YouTube)에서 'LRC'를 입력하면 다양한 형태의 훈련장 모습이 나온다. '팀을 구성하여 문제를 해결'한다는 기본 개념은 동일하나 장애물의 형태와 종류, 수량은 목적에 따라 얼마든지 다름을 알 수 있다.

이 전장리더십훈련장에서 팀원들은 문제를 해결하기 위해 리더를 선출하고 리더를 중심으로 과제를 해결해 나간다. 각 과제를 해결하면서 리더는 누구보다 솔선수범할 뿐 아니라 팀원들과 의사소통을 통해 최적의 해결책을 모색해 나간다. 또한 효과적으로 장애물을 극복하기 위해서는 팀원들 간의 팀워크는 필수적이다. 과제를 해결해 내고야 말겠다는 사명감도 발휘된다. 이렇듯 전장리더십훈련장을 통해 문제를 해결해 나가는 과정을 통해 솔선수범, 의사소통, 팀워크, 사명감 등의 전장리더십을 발휘하게 되고 성공과 실패를 거듭하면서 문제해결 능력은 물론 전장리더십 역량이 함양됨을 확인할 수 있다. 저자도 한국 해병대 전장리더십훈련장을 훈련병들과 직접 경험하면서 전장리더십의 각 요소들이 함양됨을 체감할 수 있었다.

전장리더십훈련장이 설치된다면 훈련장을 누가 관리할 것인지, 훈련장 극복훈련은 몇 시간으로 편성할 것인지, 교관과 조교 편성, 평가점검표 작성 등의 후속조치가 필요하다. 이 전장리더십훈련장이 정형화된 모델로서 장교 및 부사관 양성, 보수과정에 설치하면 되지만 야전부대의 장병들은 이 훈련장을 숙달하기 어려운 현실적인 제한사항이 있다. 이를 해결하기 위해 현재 사단급 부대별로 설치·운영 중인 유격훈련장을 일부 보완하면 적은 예산으로 전장리더십 역량을 제고할 수 있을 것이다. 현 유격장 장애물 코스에 전장리더십훈련장의 각 과제 장애물을 추가로 설치하거나 보완하면 된다. 장애물 극복개념도 개인 장애물 극복에서 탈피하여 팀 단위 장애물 극복으로 전환하면 매우 효과적일 것으로 예상한다. 또한 앞에서 제시한 미군의 ASAT(고등상황인식훈련)와 연계하여 이 전장리더십훈련장을 활용한다면 시너지 효과를 얻을 수 있을 것이다.

한편 이 전장리더십훈련장이 지나치게 장애물 극복훈련에 치중될 개연성이 있다는 지적도 있다. 그러다 보면 전술상황과 연계된 전장리더십 역량 함양이 소홀해질 수도 있다. 이를 해결하기 위해서는 현재 육군의 분·소대 전술훈련장에 전장리더십훈련장의 각 장애물을 부분 설치함으로써 전술상황 속에서 장애물을 극복하는 개념으로 훈련을 진행하는 방안도 있다. 이렇게 된다면 전술과 연계된 전장리더십 함양이 이루어질 수 있을 것이다.

훈련장을 거치고 나면 전장리더십 역량을 함양할 수 있다는 개념은 매우 혁신적이다. 개인적으로 지금까지 이론교육 위주로 진행되어 온 전장리더십 교육을 획기적으로 일대 변환시킬 수 있는 대안이 바로 전장리더십훈련장을 설치하여 활용하는 것이다. 전장리더십을 행동화 숙달시키는 대안으로서의 전장리더십훈련장이 더 많이 설치되고 적극적으로 활용한다면 우리 군의 전장리더십 역량 함양에 크게 기여할 것이다.

'학생주도 학습방법(Flipped Learning)'의 완전성 보장

육군교육사령부에서는 과목 특성을 고려 Flipped Learning(거꾸로 학습법 또는 거꾸로 교실)[137] 개념을 적용하고 있다. 이는 '뒤집다'는 의미의 Flipped에서 명칭이 유래됐다. 이 개념은 기존의 학교교육 개념을 뒤집은 역발상의 결과다. 즉 기존 교육방식은 학교에서 교수, 선생님, 교관의 주도하에 주로 강의방식에 의해 가르치고 배운 후에, 학생이 수업이 끝난 시간에 집, 숙소에서 문제를 풀고, 해결하는 방식이었다. 그러나 Flipped Learning은 학생이 수업 전에 숙소에서 핵심강의가 포함된 동영상 등을 사전에 시청하여 핵심강의 내용을 먼저 알고 난 후에 수업시간에는 토의 등의 방식을 통해 학생이 주도가 되어 문제를 해결하는 방식과 절차를 말한다.[138]

그런데 전장리더십 교육에 Flipped Learning을 적용하다 보니 보완소

---

137 Flipped Learning은 '거꾸로 학습법', '거꾸로 교실' 등으로 번역되고 있는 교육방법의 한 종류이다.

138 한국U러닝연합회, 「플립러닝 성공전략」, 2014. p.7.

요가 식별되어 완전성 보장을 위해서는 추가적인 조치가 필요하다고 판단된다.

첫째, 선행학습 여건이 미흡하다. 선행학습은 Flipped Learning을 가능하게 하는 가장 기본적인 전제조건이다. 하지만 일부 과정을 제외하고는 개인별로 동영상을 시청할 수 있는 태블릿 PC, 노트북이 부족하다. 개인당 태블릿 PC나 노트북 지급을 위해 국방부나 육군본부 차원에서 민간기업과 업무협약을 체결하여 원가에 보급하는 방안을 강구할 필요가 있다.

둘째, 교관의 학습 주도권이 학생에게 넘어가면서 교관의 강의시간은 대폭 감소되고 그 분량만큼 학생들의 토의시간이 확대됐다. 전장리더십 교육의 경우에는 기존 70%의 토의시간이 약 90%로 확대됐다. 토의가 교육의 핵심이 된 것이다. 그런데 만일 토의 주제가 밋밋하여 흥미를 끌지 못하거나, 일부 학생이 토의를 주도하고 일부 학생이 열외 및 방관하게 되면 토의는 제대로 이루어지기 어렵다. 토의를 활성화할 수 있는 대책이 필요하게 된 것이다. 이에 대한 대안으로서 유대인의 토론법이자 공부법인 '하브루타'를 제안한다. 하브루타의 핵심내용은 표-4에서 보는 바와 같다.[139]

139　전성수, 「부모라면 유대인처럼 하브루타로 교육하라」, 예담, 2014.

구분	주요 내용
어원	• 친구, 짝, 파트너를 뜻하는 하베르(히브리어에서 유래)
개념	• 유대인 **토론법/공부**　　*0.2% 인구, 노벨상 수상자의 22% • 1:1 짝을 지어 **질문, 대화, 토론, 논쟁**하는 것
진행법	• **질문(A) → 답변(B) → 반박(A) → 논증(B)** • **질문(B) → 답변(A) → 반박(B) → 논증(A)**
특징/ 장점	• **질문이 핵심, 경쟁심 유발** → 자신만의 생각 정리(**창의적 사고**) • **의사소통 기법 체득** 　[① **경청**(상대방의 **의도+논리의 타당성**에 대한 분석적/비판 　적 사고) → ② **설득**] • 최소 **부여된 시간의 ½을 발언** → 교육열외 **불가** • 선생님/교수는 **촉진자** 역할

표-4. 하브루타 소개

표-4에서 나타난 것처럼 1:1로 짝을 지어 질문, 대화, 토론, 논쟁하는 것인데 특유의 진행법과 특징을 갖고 있다. 우선 A가 질문을 하면 B가 답변하고, B의 답변에 대해 A가 반박하고 이에 대해 B가 논증하는 절차를 갖는다. 그 후에는 A, B가 역할을 바꾸어 토론을 계속한다. 하브루타는 질문이 핵심이다. 서로 논쟁에서 이기기 위해 노려하다 보면 경쟁심이 커진다. 서로 이기기 위해 촌철살인의 질문과 핵심을 찌르는 답변을 고민하게 된다. 이런 노력을 통해 자신만의 생각을 정리하는 습관이 배이고 창의적 사고가 촉진된다. 또한 의사소통 기법을 체득하는 것도 하브루타의 큰 장점이라 할 수 있다. 먼저 상대방의 의도와 말하는 바의 논리적 타당성에 대한 분석적·비판적 사고를 통해 경청하는 법과 설득의 요령을 터득하게 된다. 무엇보다 하브루타의 장점은 부여된 시간의 1/2을 발언할 수 밖에 없어 교육 열외가

절대로 불가하다는 것이다.

하브루타를 통해 토의를 활성화하기 위해서는 먼저 구성한 상황 및 토의 주제가 보다 흥미 있어야 하고, 토의 관점이 도전적이어야 한다. 이를 구현하기 위해 한 가지 안(案)이 표-5에 제시되어 있다.

분야	논쟁 상황
전쟁법1 (포로 취급)	• 상황: 소대 고립, 식량 매우 제한, 포로 획득, 어떻게 할 것인가? • 관점 - A: 포로에게도 식량 지급 B: 포로에게는 미지급
전쟁법2 (포로로 잡힘)	• 상황: 소대장·부소대장 갈등 관계, 소대 전체가 포로로 잡힘. 소대장이 동의하기 어려운 지시하달, 어떻게 할 것인가? • 관점 - A: 소대장 지시에 따름 B: 같은 포로이므로 미복종

표-5. 도전적 토의 관점(예)

표-5에서 보는 바와 같이 상대적이고 찬반이 있는 도전적 토의 관점을 제시하게 되면 열띤 토의가 진행된다. 저자가 육군리더십센터 교관으로서 표-5의 토의 주제와 관점을 부여한 후 토의를 유도했더니 수업이 매우 치열하게 진행됐다. 이에 추가하여 1:1 토의방식을 처음으로 시도해 보았다. 시험적용 결과는 표-6에서 보는 바와 같다.

절차	세부 내용
① 논쟁이 가능한 상황구성	• 논쟁이 효과적인 분야 선정(예: 역량, 전쟁법) • 全 분야가 효과적인 것은 아님(예: 자질, 전장 특성/심리)
② 관점 부여/ 진행방법 교육	• 서로 다른 관점 부여 (논쟁이 효과적인 상황 구성) • 절차 교육 [질문(A/B) → 답변(B/A) → 반박(A/B) → 논증(B/A)] • ⓐ 각자의 관점에서 주장하고 ⓑ 합의하도록 통제
③ 1:1 토의	• 치열한 논쟁 전개(독점/열외 없이 모든 인원이 적극 동참) • 정-반-합(경청-설득-새로운 결론 도출) 과정이 전개
④ 조 토의→ ⑤ 학급 토의	• 조 토의가 빨리 끝남(조 의견이 쉽게 도출)
분석결과	• 1:1 토의는 토의 활성화에 매우 효과적

표-6. 1:1 토론 시험적용 결과

표-6에서 보는 바와 같이 원활한 1:1 토의 진행을 위해서는 먼저 도전적 관점을 제시한 다음, 학생들에게 관점을 임의로 A 또는 B를 지정하여 합의 없이 각자의 관점에서 치열하게 논쟁하도록 통제했다. 이후에는 합의에 이르도록 서로 노력하게 통제해보았다. 시험적용 결과는 매우 고무적이었다. 토론을 독점하거나 열외하는 인원이 없이 모두가 토의에 적극 동참하였을 뿐만 아니라, 정(正)-반(反)-합(合)을 통해 새로운 결론을 도출하는 모습도 관찰됐다. 또한 1:1 토의를 치열하게 진행하다 보니 조(組) 토의는 쉽게 도출됐다. 1:1 토의시간을 별도 편성했다 해서 토의시간이 부족할 이유는 사라진 것이다. 시험적용 결과 1:1 토의는 전장리더십 교육의 토의 활성화에 매우 효과적이었다.

전장리더십 역량을 제고하기 위해서 전장리더십 교육을 활성화하는 것은 매우 중요하다. 시험적용 결과 전장리더십 교육에 있어 토의 상황을 도전적 관점으로 부여하고, 1:1 토의를 내실 있게 진행한 결과 매우 효과적임을 확인할 수 있었다. 토의를 활성화하여 Flipped Learning의 완전성을 보장함으로써 전장리더십 교육효과를 높이기 위한 노력을 지속해야겠다.

'계급별 요구되는 역량'에 기초한 교육과정 개발

'육군 리더십 모형'은 하사에서 대장까지 공통적으로 요구되는 리더십 역량을 제시한 모형이다. 하지만 계급별로 요구되는 역량의 상대적 중요도에는 차이가 있다. 그러므로 계급별로 요구되는 전장리더십 역량을 도출하고, 이를 기반으로 계급별 보수교육의 전장리더십 교육과정을 차별화할 수 있다면 전장리더십 역량 함양에 효과적일 수 있다. 이러한 아이디어에서 출발하여 '육군 영관장교'에 맞는 전장리더십 역량을 도출하고, 맞춤식 교육과정을 제시한 논문이 있다. 충남대학교 박사 논문인 박은석의 '전장리더십 역량기반 교육과정 개발(육군 영관장교 직무보수교육을 중심으로)'이 그것이다. 박은석은 선행연구분석과 KCTC 훈련부대 및 통제관 대상 행동사건면접(BEI), 리더십 교육을 담당하는 교관 대상 초점집단면접(FGI), 전문가 델파이 조사 등 역량 모델링 과정을 통해 육군 영관장교에게 필요한 역량을 12개 도출하여 제시했다. 그가 제시한 육군 영관장교의 전장리더십 핵심역량은 윤리의식, 책임감, 회복탄력성, 주도성, 창의력, 목표/임무 제시, 상황판단/결심, 솔선수범, 의사소통, 전투 의지 고양, 팀워크 구축, 부하개발 등이다. 이러한 핵심역량 개발을 위한 교육과정 개발은 5단계로 진행하여 제시하였는데 교육 요구분석, 역량별 교육의 필요성 판단, 전장리더십 역량기반 교과 설계, 프로토타입 개발, 타당성 확인 및 보완사항 도출 등이다. 교과 설계는 전투의 특성과 심리현상을 고려하여 전쟁 초반, 중반, 후반으로 구분하여 교육 핵심역량을 선정하고, 강의와 영상시청, 사례 토의, 팀워크 등 다양한 교수학습방법을 적용하는 방안을 제시했다.

전장리더십을 주제로 한 논문들이 계속 발표되는 것은 고무적이다. 평시에 전장리더십 역량 함양은 '교육'을 통해 이루어져야 한다. 한 가지 교육방법이 절대 선(善)일 수는 없다. 전장리더십을 함양할 수 있는 다양한 교육방법이 시도되어야 한다. 그런 의미에서 박은석의 논문은 의미가 있다.

제4절 전장리더십 평가 및 교육시스템 면

전술훈련평가(ATT, RCT 등) 시 '전장리더십'을 반드시 평가할 수 있도록 평가지침서에 '전장리더십' 평가요소 반영, 최신화

평가항목에 반영되면 훈련에 큰 영향을 미친다. 좋은 평가를 받기 위해 노력하기 때문이다. 중요한 전장리더십 평가항목을 구체적이고 현실적으로 평가요소에 반영하고, 좋은 평가를 받기 위해 숙달하다 보면 장병들의 전장리더십 역량이 함양될 것이다.

육군의 경우 전술훈련을 평가하기 위해 제대별(분·소대~연대), 병과별(보병, 포병, 기갑/기계화 등 12개 병과) 전술훈련평가지침서 총 164종을 야전부대에 배포했다. 기존에는 전술훈련평가지침서에 '전장리더십'을 평가할 수 있는 평가항목이 없었다. 전투지휘 요소 중 '전장리더십'이 생략된 '권한, 결심' 위주의 평가항목으로 구성되어 있었다. 그림-11은 소부대급 전술훈련평가지침서의 모습이다.

그림-11. 전술훈련평가지침서

  육군리더십센터를 중심으로 164종의 전술훈련평가지침서에 전장리더십 평가요소와 세부 평가항목을 추가하는 프로젝트를 완료했다. 이로써 모든 부대는 전술훈련 평가지침서에서 제시된 평가요소 및 평가항목을 기준으로 훈련을 준비할 수 있게 됐다. 전장리더십 평가요소에 '솔선수범'이 반영되면 훈련준비와 훈련실시간에 '솔선수범'의 평가요소 중의 하나인 '결정적 장소에 위치하여 지휘하는가?'라는 세부평가항목을 구현하기 위해서 훈련기간 내내 최적의 장소를 찾는 노력을 경주하는 순기능을 유인하게 된다. 또한 '의사소통'이 평가요소에 반영되게 되면 의사소통을 활성화하기 위해 부하들의 목소리에 더욱 귀 기울이게 되고, 자신의 의도를 명확하게 전달하고자 노력하게 될 것이다. 간부의 인위적이고, 가식적인 노력을 강제할 수도 있다는 역기능도 예상이 되나 전장리더십 역량을 함양시킬 수 있다는 측면에서 의미가 있다고 본다.

향후 '전장리더십' 평가항목에 의한 준비, 평가가 이루어진다면 군 간부들의 전장리더십 역량은 향상될 것이다.

전장리더십 관련 교관의 전문능력 향상

육군의 모든 간부는 각 병과학교에서 리더십 교육을 받는다. 선행학습은 M-kiss 형태의 동영상 시청을 통해 전장리더십 특성과 심리, 토의 주제 및 상황에 대해 사전 숙독한다. 수업이 시작되면 전쟁의 참상과 전장에서의 리더십 발휘를 중심으로 편집된 전투 동영상(영화, TV 프로그램 등)을 시청한 후, 전투사례의 상황을 중심으로 토의하고 있다.[140]

이러한 교육모델 및 방법 하에서는 수업을 진행하는 교관의 능력여하에 따라 학생들의 교육효과가 달라진다. 전장리더십의 중요성을 각인시키고 리더가 봉착할 수 있는 딜레마적 상황과 문제해결을 위한 도전적 관점을 제시하고 유도하는 등 교관의 수업진행 스킬이 중요하다. 또한 보기만 해도 전장의 참상과 함께 그 속에서 발휘된 리더들의 전장리더십 관련 동영상을 잘 편집해서 학생들이 시청할 수 있도록 하는 것도 교관의 몫이다. 이러한 전장리더십을 행동화 숙달시키기 위한 프로그램이 없는 실내교육 위주로 진행되는 현 상황에서는 교관들의 전장리더십에 관한 전문능력을 함양하는 것은 매우 중요하다.

학생들의 전장리더십 역량을 함양하기 위해 특별히 교관들의 전문능력을 강화하는 방법은 다각도로 고민해야 한다. 첫째, 먼저 교관을 엄선

---

[140] 육군리더십센터, 리더십 기본교재(고군과정), 2014, pp.90-96.

하는 시스템을 갖추는 것이다. 리더십 관련 석·박사 학위자 위주로 선발하되 특히 해외파병 등 전투와 직·간접적으로 경험이 있는 간부를 우선 발탁해야 한다. 이들을 장기 활용하기 위해 학위자 보직관리를 제도화하고, 육군리더십센터에 전장리더십을 연구하는 전문 연구요원을 확보하는 방안을 검토해야 한다. 둘째, 육군리더십센터의 교관들의 자질과 역량을 제고하기 위한 자체 혁신 노력을 지속해야 한다. 전장리더십 분야 자격심사를 더욱 엄격히 강화하고 필요시 전장리더십 분야에 대한 전문 교관을 선정하여 운영하는 방안도 검토할 수 있다. 또한 새로 전입해 온 교관을 위해 유능한 교관을 멘토로 하는 교관 멘토제를 시행할 수도 있다. 셋째, 대외실무위탁을 강화하거나 전투경험이 있는 참전용사나 민간 전문가 초빙교육을 강화하는 방안이다. 이러한 교육을 통해 전투에 대한 생생한 증언을 간접경험하고, 민간전문가를 통해 강의 기법의 효율성을 제고함은 물론 각종 전투 관련 영상을 자유자재로 엄선, 편집할 수 있는 역량을 키우는 것도 궁극적으로 교육의 질을 높이는데 도움이 된다. 마지막으로 외국군과 타군 리더십센터 및 민간 전문기관과의 교류를 확대하는 것도 도움이 될 것으로 보인다. 특히 전쟁과 전투를 그친 적 없는 미군과의 전장리더십과 관련된 인적 교류는 매우 의미가 있다고 본다.

제5절 기타 면

북한군 리더십 연구

　전술을 다루는 군인에게 가장 중요한 개념 중 하나가 적(適)이다. 지피지기 백전불태(知彼知己 百戰不殆)는 전술의 기본이다. 하지만 아쉽게도 리더십의 적 전술이라 할 수 있는 북한군의 리더십에 대한 연구는 매우 미흡하다. 만일 북한군의 리더십의 실체를 규명하고, 강·약점을 식별할 수 있다면 대단히 유용할 것이다. 북한군 리더십 연구를 통해 도출된 북한군 리더십의 강·약점은 평시 적 도발 억제 및 대응, 전시 적 전투의지 분쇄 및 전투력 와해, 전평시 대북 심리전 및 인지전 수행에 유용하게 활용될 수 있다. 또한 북한군 리더십에 대한 이해는 통일 이후 군부통합 논의시 마찰 요소를 최소화하고 군 조직문화 발전 및 리더 개발의 기초자료로 활용이 가능할 것이다.
　연구방법은 북한군의 지휘, 문화, 리더십에 대한 문헌을 연구하고, 탈북 군인에 대한 인터뷰를 통해 그 실체를 규명하는 방안을 고려할 수 있다. 남북한 리더십 비교를 위해 육군의 '육군 리더십 모형'을 기준으로 북한군을 투영하는 것도 한 가지 방법이 될 수 있다. '육군 리더십 모형'에서 제시하고 있는 6대 범주, 27개 핵심요소별로 북한군의 리더십을 세밀하게 분석한 후, 우리 군의 리더십과 비교, 분석, 평가한다면 북한군 리더십의 실체에 도달할 수 있을 것이다. 또한 CIP 리더십 모델[141] 관점인 카리스마적 리더십, 이데올로기적 리더십, 실용적 리더십 이론 관점에서 분석하는 방법도 있다.

실제 전투 및 해외파병 참여 기회 확대

실제 전투현장을 경험하는 것보다 전장리더십 역량을 함양하거나 전장리더십을 발휘할 수 있는 방안은 없다. 6·25전쟁이나 월남전, 대침투작전을 경험했던 사람들이 전장 속에서 발휘한 전장리더십 경험은 너무나 소중하다. 그들의 경험과 증언이 있었기 때문에 전장리더십 평가척도를 개발하고 전장리더십 수준을 평가할 수 있었던 것이다. 그러나 현실적으로 실제 전투를 경험한다는 것은 매우 제한된다. UN이나 미국이 주도하는 다국적군에 전투 병력을 파병한다 해도 아주 소수의 인원만이 실제 전투현장에서의 전장리더십 발휘를 경험하게 될 것이다. 전쟁터가 아니더라도 다양한 목적과 임무를 띠고 해외에 파병되는 기회가 확대되고 있다. 비록 대상 부대와 인원은 소수이지만 이들이 직·간접적으로 전장에서 발휘하고 경험하는 리더십 발휘는 소중한 자산이 된다. 현재 우리 군이 창설 이후 2024년 현재까지의 해외파병 현황은 표-7에서 보는 것과 같다.

직·간접적인 전투 및 기타 파병 경험을 통한 전장리더십 발휘 기회를

---

141 정한용·전기석(2023), "CIP, Leadership, Charismatic, Ideological, Pragmatic 리더십 개념, 국내외 연구 동향 연구 및 미래 연구 방향 탐색", 리더십연구 14(4), 26-29면

많은 인원이 갖게 된다면 이는 우리 군의 전투력 제고에도 크게 기여할 것으로 판단된다.

지역	파견부대	연인원(명)	기간
베트남	맹호, 백마, 청룡, 십자성, 비둘기, 백구, 은마부대	325,517	'64. 9 ~ '73. 3
사우디	국군 의료지원단	154	'91. 1. ~ '91. 4.
UAE	비마부대	160	'91. 1. ~ '91. 4.
소말리아	상록수부대	516	'93. 7. ~ '94. 3.
서부 사하라	의료지원단	542	'94. 8. ~ '06. 5.
앙골라	공병부대	600	'95. 10. ~ '96. 12.
동티모르	상록수부대	3,328	'99. 10. ~ '03. 10.
아프간	해성부대	823	'01. 12. ~ '03. 9.
	청마부대	446	'01. 12. ~ '03. 12.
	동의부대	780	'02. 2. ~ '07. 12.
	다산부대	1,330	'03. 2. ~ '07. 12.
이라크	제마부대	185	'03. 4. ~ '04. 4.
	서희부대	956	'03. 4. ~ '04. 4.
	자이툰부대	17,708	'04. 4. ~ '08. 12.
	다이만부대	1,324	'04. 10. ~ '08. 12.
레바논	동명부대	9,519	'07. 7. ~ 현재

소말리아	청해부대	12,500	'09. 3. ~ 현재
아이티	단비부대	1,425	'10. 2. ~ '12. 12.
아프간	오쉬노부대	1,745	'10. 7. ~ '14. 6.
UAE	아크부대	3,544	'11. 1. ~ 현재
남수단	한빛부대	5,034	'13. 3. ~ 현재
시에라리온	정부긴급구호대	16	'14. 12. ~ '15. 3.

표-7. 해외파병 현황[142](누계)

'전장리더십 사례집' 발간 및 활용

평시 군인이 전투를 경험할 수 있는 가장 효율적인 방안은 전사(戰史)를 읽는 것이다. 그런데 현재 전쟁과 전투를 기록한 전사는 대부분이 지휘의 술(術)적 분야 중 '전장리더십'이 누락된 '권한, 결심'에 초점을 맞추어 기술되어 있다. 전장리더십 관점에서 분석한 전투 사례는 거의 없었다. 이러한 조류 속에서 육군리더십센터에서 의미 있는 책을 발간했다. 최초로 전장리더십 관점에서 기술된 책을 번역 및 감수한 것이다. 그것은 그림-12에서 보는 육군 교육참고 「전쟁경험을 통해 바라본 전장리더십」이다. 이 책은 제1차 세계대전에 참가했던 독일군의 아돌프 폰 쉘 대위의 기록이다.

[142] 여러 출처를 통해 종합 정리했다. 참고한 출처는 국방군사연구소(1996)에서 발행한 「월남파병과 국가 발전」, 육군본부(2008)에서 발행한 「해외파병 40년사」, 육군본부(2009)에서 발행한 「이라크 평화재건사단 자이툰부대」, 국방부 군사편찬연구소(2011)에서 발행한 「지구촌에 남긴 평화의 발자국」, 육군본부(2008)에서 발행한 「군사연구」(제125집), 네이버 및 구글 검색 등이다.

그림-12. 육군 교육참고 「전쟁경험을 통해 바라본 전장리더십」

이 책에 보면 전장리더십 관점에서 전투현장의 모습을 묘사하고 기록한 장면이 나온다. 한 예를 소개하면 다음과 같다.[143] "전쟁초기 적의 포격으로 불안에 떠는 병사들을 안심시키기 위해 중대장은 건물 안에서 이발병을 불러 자기 머리를 깎도록 지시한다. 이를 지켜본 병사들은 마음속으로 '중대장이 이발할 정도면 상황이 나쁘지 않은가 보군!' 하고 안심 하게 된다." 또 다른 일화도 있다. "적의 포격에 의해 많은 사상자가 나자 신병들은 모두 겁에 질렸다. 이때 분대장이 전사자의 시체에게 농담을 걸었다. '이봐! 일어나, 집에 가자구.' 그러자 뜻밖에도 신병들이 함께 웃었다. 웃음이 일자 얼었던 분위기는 깨지고 신병들이 공포에서 헤어 나올 수 있었다." 전장리더십 관점에서 기술된 전사를 발굴하고 기존 전사 속에서도 전장리더십 요소가 전투결과에 영향을 미친 사례들을 발굴해야 한다.

---

143 육군본부, 교육참고 8-10-1「전쟁경험을 통해 바라본 전장리더십」, (2013) 에서 참조함.

또한 '전장리더십 사례집'을 발간할 때에는 보병 위주로 기술된 현 전투사례에서 벗어나 '병과별' 특성이 잘 반영된 전장리더십 사례를 발굴하여 학교교육 및 부대훈련 시 병과별 전장리더십 사례를 교육하도록 해야 한다. 이에 추가하여 전장에서의 '윤리적 딜레마' 상황을 발굴하여 전장에서의 윤리적 딜레마를 잘 극복할 수 있도록 지도해야 한다. 일본군의 731부대 만행, 미군의 월남전에서의 밀라이 학살사건, 아브그라이브 사건 등을 반면교사(反面敎師)로 삼을 수 있도록 사례집을 보강하고 교육을 강화해야 하겠다. 이러한 사례집을 통해 전투 결과에 영향을 준 전장리더십 사례를 확인하고 전장리더십의 중요성을 인식함은 물론 교훈을 습득할 수 있을 것이다.

'여군', '다문화가정'이 전장리더십에 미치는 영향 연구

2024년 현재 우리 군 장교 및 부사관 중 여군 비율은 10.8%(1만 9,200여 명)을 기록하고 있다. 국방부는 2027년까지 여군 비율을 15.3%로 확대할 계획이다.[144] 또한 다문화 가정 출신 병사의 비율은 2028년에 1만 2,000명으로서 전체 병력의 1.6%에 이를 것으로 예상된다.[145]

이러한 여성과 다문화 가정의 기록적인 증가추세는 평시 리더십 발휘에 큰 영향요소로서 이는 언제 일어날지 모르는 전시의 리더십 발휘와도 직결되는 문제라 할 수 있다. 단순한 다양성의 문제라고 치부하기에는 숫

---

144 "여군 간부 비율 10% 최초돌파! 새역사 쓰는 여군들의 각오는?", 2024. 9. 9.국방일보

145 박성진,"다문화 시대의 '개인 맞춤형' 군대", 경향신문, 2020. 12. 30.

자가 갖는 의미가 크다. 남성 위주의 리더십 발휘에 익숙했던 지휘관(자)들이 여성의 비율이 증대된 환경 속에서 성별(性別) 특수성을 고려한 리더십을 제대로 발휘할 수 있는지는 고민해 보아야 할 문제다. 또한 단일민족이라는 동질감 속에서 발휘된 리더십이 문화적 차이로 인해 영향을 받지는 않는지, 받는다면 어떠한 영향요소가 있는지를 확인하는 것은 중요한 과정이 될 것이다. 이러한 '여군', '다문화 가정'이 전장리더십에 미치는 영향을 연구하는 자체가 우리 군의 전장리더십 역량을 제고하는 또 다른 방안이 될 것이다.

제6절 결론

본 논문은 평시에 전장리더십 역량을 함양시킬 수 있는 방안을 전장리더십 교육내용, 교육방법, 평가 및 교육시스템, 기타 등 4개 분야에 거쳐 제시했다. 너무도 당연한 말이지만 제시된 방안들이 전장리더십 역량 제고를 위한 필요충분조건이 될 수 없다. 그러나 이러한 노력은 전투결과를 결정짓는 무형전력의 핵심인 전장리더십에 대한 간부들의 관심을 환기시키고 전장리더십 역량 제고를 위해 고민하는 계기를 제공할 수 있을 것이다.

향후 전장리더십 역량 제고를 위한 후속연구는 본 연구의 접근방법과 차별화된 시각에서 접근해야 할 것이다. 본 연구에서 심층적으로 다루지 못한 리더십 영역별, 수준별 접근방법을 통한 연구가 진행되었으면 좋겠다. 특히 지금까지 선행연구가 미흡한 부대훈련, 자기개발 측면과 전략적, 통합적 수준의 전장리더십 역량 제고방안에 대한 연구가 이어지기를 기대한다.

참고문헌

1. 단행본

- 에드거 F. 파이어, 「영혼을 지휘하는 리더십」, 2005.
- 전성수, 「부모라면 유대인처럼 하브루타로 교육하라」, 예담, 2014.
- 한국U러닝연합회, 「플립러닝 성공전략」, 2014.
- 민진, 「조직관리론」, 2004.

2. 연구논문

- 박은석, "전장리더십 역량기반 교육과정 개발", 2024.
- 정한용·전기석, "CIP, Leadership, Charismatic, Ideological, Pragmatic 리더십 개념, 국내외 연구 동향 연구 및 미래 연구 방향 탐색", 2023.
- 윤여표, "전장리더십 역량 개발을 위한 훈련방안", 2013.
- 윤여표 외, 'KCTC 훈련부대에 대한 전장리더십 평가' 「전투발전」(제141호), 2012.
- 윤여표 외, '전장리더십 수준과 전투결과의 인과관계 분석' 「전투발전」(제143호), 2013.

3. 관련교범 및 보고서

- 국방부, 「월남파병과 국가발전」, 1996.
- 오홍국 외, 「지구촌에 남긴 평화의 발자국」, 2001.
- 육군본부, 기준교범 6-0 「육군 리더십」, 2021.
- 육군본부, 교육참고 8-7-19 「리더십 교육 프로그램」, 2008.

- 육군본부, 교육참고 8-10-1 「전쟁경험을 통해 바라본 전장리더십」, 2013.
- 육군본부, 「군사연구」(제125집), 2008.
- 육군본부, 야전교범 지-0 「군 리더십」, 2011.
- 육군본부, 「(이라크평화재건사단)자이툰부대」, 2009.
- 육군본부, 「해외파병 40년사」, 2008.
- 이영섭, '13년 9월 교환교관보고서 "미 육군 고등상황인식훈련(ASAT) 소개", 2013.
- 임윤갑, 미 지휘참모대학 교환교관 수시보고 11-06, 2011.
- 해병대 교육훈련단, 「전장리더십 훈련 지침서」, 2012.

4. 기타

- 경향신문, "다문화 시대의 '개인 맞춤형' 군대", 2020. 12. 30.
- 국방일보, "여군 간부 비율 10% 최초돌파!", 2024. 9. 9.
- 미 해병대 사령부 홈페이지 (http;//www.usmcofficer.com/wp-content/uploads/2024/08)
- 육군리더십센터, 「리더십 기본교재(고군과정)」, 2024.
- 중앙일보, "여성도 탱크 몰고 포 쏜다", 2014. 2. 21.

참고자료

전장리더십 진단문항

군(사)단장용

리더다움

세부 문항	평가결과
① 지휘관으로서 전장상황을 잘 이해하며 실전적인 훈련을 한다. • 절제되고 엄정한 언행으로 장군다움이 돋보인다. • 실전적으로 훈련에 임한다. 　- 훈련에 전념할 수 있도록 분위기 조성 및 여건 보장 　- 비전술적 요소 과감히 탈피 (보고서 검토 및 지도, 간부교육, 장시간 회의, 화상회의 과다 등)	☐합격 ☐불합격
② 군단(사단) 전투참모단은 군단장(사단장)을 믿고 따르며, 승리하는 자신감에 차 있다. • 전술지식과 자신감이 충만하며 유사시 승리할 수 있다는 믿음	☐합격 ☐불합격

주도성

세부 문항	평가결과
① 전장상황에 맞는 적시적인 평가와 결심을 한다. 　• 주도적인 CCIR 제시 및 적시적인 결심 　　- CCIR 항목별 징후목록과 세부평가요소 구체화, 충족여부 평가 및 최신화 여부 　• 작전목적 달성을 위한 명확한 지휘관 의도와 작전지침 하달 　　- 작전목적과 최종상태, 예하부대의 명확한 전술적 과업 제시등 　　- 현 상황과 핵심국면을 고려한 적시적인 작전지침 하달 　• 예하제대 및 전투참모단 임무수행 여건보장을 위한 전투협조회의 시행 및 지휘통제 주기 적용 　　- 상황고려 수준별 전투협조회의(시간, 대상, 내용, 방법), 핵심사항 위주 토의 등	☐합격 ☐불합격
② 자신의 판단에 확신을 가지고 주도적으로 전투지휘를 한다. 　• 아군의 의지를 적에게 강요하기 위한 공세적 전투력 운용 　　- 호기 활용 위한 적시적인 결심과 시행(계산된 모험) 　　- 적 과오를 이용한 신속한 기동, 예상하지 못한 기습 달성	☐합격 ☐불합격

회복탄력성

세부 문항	평가결과
① 불확실하고 급변하는 상황에도 평정심을 잃지 않고, 합리적으로 판단하며 지휘한다. • 위기상황에 침착하게 대응한다. • 예하부대의 잘못된 조치에도 합리적으로 대처한다.	☐합격 ☐불합격

군사전문지식

세부 문항	평가결과
① 교리에 대한 이해가 깊고, 이를 작전에 효과적으로 적용한다. ② 연합 및 합동작전, 모든 전투수행기능에 대한 이해가 깊고 지식이 풍부하다.	☐합격 ☐불합격

직무수행능력

세부 문항	평가결과
① 해당 제대에 적합한 과업을 선정하고, 적절히 대응 및 평가한다. • 전술적 과업을 고려한 전투력 할당과 지원, 준비명령의 적시 하달 　∗전술적 과업 도출, 적절한 전투 편성 및 자원 할당, 준비명령하달 등 • 예하부대의 능력을 고려한 부대운용 ② 상황변화에 신속히 대응하고, 우선순위를 고려하여 과업를 부여한다. • 현 상황과 핵심국면을 고려 적시적인 작전지침 하달 • 실전성과 현실성에 부합된 전투지휘 　- 전장실상에서 불가능한 상황을 조치하는지 여부 (모의논리에 고착)	☐합격 ☐불합격

상황판단능력

세부 문항	평가결과
① 전장상황과 현행 작전결과를 평가하여 문제의 핵심을 파악하고 대안을 제시한다. • 전장관리정보체계(ATCIS 등)와 다양한 방법을 활용하여 지속적인 전장상황 파악 및 평가 - 회의, 보고 등을 통한 상황 파악 및 판단에서 탈피 - 지휘관이 현행작전평가를 활용하여 지속적으로 상황 파악 • 주도적인 현행작전결과 평가 - 전체적인 국면과 문제의 핵심을 정확히 파악 및 평가 • 최적의 대응방책 검토 및 대안 제시 - 작전지침과 대응방책 제시, 선정된 대응방책 시행시 전투수행기능별 조치여부 확인	□합격 □불합격
② 향후 예상되는 문제들을 예측하고, 장차작전 및 우발사태에 대한 지침하달로 전장을 가시화한다. • 장차작전계획 수립을 위한 지침 제시 • 우발사태계획 발전을 위한 지침 제시	□합격 □불합격

사고의 민첩성

세부 문항	평가결과
① 전장에서 승리 할 수 있는 창의적인 대안들을 적극 발굴하고 탐구한다. 　• 창의적인 아이디어를 적극 수용 및 장려 　• 다양한 의사결정 기법 적용 　　- 독불장군식 의사결정 지양, 충분한 토의와 의견수렴 등을 적극 활용	☐합격 ☐불합격
② 전장에서 승리할 수 있는 지적호기심과 비판적사고를 견지하며 지휘한다. 　• 새로운 지식과 정보를 받아드리려고 노력 　• 현 상황과 유사한 교리와 전사 등 확인	☐합격 ☐불합격

솔선수범

세부 문항	평가결과
① 부하들에게 좋은 본보기를 보이고, 그들의 적극적인 참여를 이끌어 낸다. 　• 지휘관의 본분과 역할에 충실 　　- 자신이 해야 할 일을 부지휘관, 참모장 등에게 미루지 않음 　• 주요국면, 우발계획 등 힘들고 어려운 과업을 주도 및 해결	☐합격 ☐불합격

동기부여

세부 문항	평가결과

① 적절한 권한 위임으로 부하들이 자율성과 자신감, 그리고 성취감을 갖게 한다.
• 의사결정 과정에 구성원들의 적극적인 참여를 유도
  - 실무자들의 의견 청취 등
• 계획은 통합, 실시는 분권화
  - 계획수립 시 전투기능실과 제작전전요소의 통합운용
  - 선정된 대응방책 시행 시 전투기능실에 조치를 위임한후 단계별 작전결과를 확인
• 예하부대에 대한 지나친 간섭 배제 및 전투지휘 여건 보장
  - 구체적인 전투수행 방법 제시 지양(임무, 과업위주 제시), 무분별한 화상회의 통제 등
	☐합격
	☐불합격

② 부하들의 능력에 맞게 임무/동기를 부여한다. • 전투기능실과 예하부대의 능력에 부합된 임무 부여 - 임무, 기능, 편성, 능력 등 고려 • 현행작전 평가결과를 기초로 구체적인 인정 및 격려, 지도	☐합격 ☐불합격

소통

세부 문항	평가결과
① 지휘통제시스템을 활용하여 상황을 파악하고 정보를 공유한다. 　• 군단장(사단장)의 실시간 상황파악을 위한 노력 　　- COP 확인, ATCIS를 활용한 전장가시화(지휘관심사항 메뉴 활용) 　• KJCCS, MIMS, JFOS-K 등과 C4I체계의 연계 운용	☐합격 ☐불합격
② 원활한 의사소통을 위해 다양한 수단과 방법을 활용한다. 　• 쌍방형 의사소통을 위한 분위기 조성 　• 명확한 의사표현 　　- C4I 체계, 문서회의체계, 판서 등 활용	☐합격 ☐불합격

신뢰구축

세부 문항	평가결과
① 상호 신뢰할 수 있는 팀워크를 구축한다. 　• 부하들을 존중하고 배려한다. 　　- 긴급 상황 발생 시 회의 중이더라도 보고 후 회의장 이탈 및 상황조치(참모, 예하지휘관) 　• 기능실 간 상호 유기적인 협조체제를 구축 및 유지한다.	☐합격 ☐불합격

목표설정/방향제시

세부 문항	평가결과

① 작전의 목적과 방향을 명확히 제시하고 충분한 공감대를 형성한다.
  • 상급~예하부대와 계획의 연계성 유지
  • 명확한 지휘관의도 및 지침 하달
    - 작전목적, 최종상태, 예하부대의 명확한 과업 등 포함
  • 변화되는 상황 고려 수준별 전투협조회의
    - 전투협조회의 시간, 대상, 내용, 방법 등 구분
	☐합격
	☐불합격

기민한 작전수행

세부 문항	평가결과

① 다양한 정보와 상황을 통해 전체적인 국면을 파악하고 기민하게 대응한다.
  • 변화되는 전장 상황을 고려한 실전성있는 지휘통제주기 적용
    - 상황 고려 수준별 전투협조회의(시간, 대상, 내용, 방법), 핵심사항 위주 토의 등
  • 대담하고 창의적인 구상
	☐합격
	☐불합격

② 현 상황과 작전수행결과를 평가하고, 결정적작전 중심의 전투지휘를 한다.
  • 적 약점에 과감한 전투력 집중으로 주노력 지향
    - 적 약점 식별, 적 전투력 분석, 상대적 전투력 분석
  • 결정적작전의 성공을 위한 여건조성작전 수행
    (전술적 과업 선정 및 달성 노력)
	☐합격
	☐불합격

생산적 결과 창출

세부 문항	평가결과

① 부하의 입장에서 지도 및 평가하고, 임무완수를 위해 지속적으로 여건을 보장한다.
• 제대별 역할을 고려한 부대과업 위주 작전지도
  - 선정된 부대과업 위주 전투지휘, 예하부대 과업 수행 간 제한사항 조치 등
• 사실적으로 관찰하고, 객관적으로 평가
  - 예하부대가 상급부대 지휘관의도와 작전개념에 부합되는 작전 수행 여부 확인 및 평가
  - 예하지휘관의 지휘권 침해 및 간섭 형태 지양
  - 성과에 대한 보상과 인정을 통해 지속적인 임무수행 보장
	☐합격
	☐불합격

② 해제대 역할에 적합한 부대과업 선정 및 요망상태를 확인한다. • 임무달성 가능성을 예측하여 방향과 지침을 조정 • 임무수행 경과와 결과에 대해서 현정위주 피드백 및 후속조치 시행	☐합격 ☐불합격

여단장용

육군핵심가치(책임완수)

세부 문항	평가결과
① 여단장으로서 부여된 임무와 역할을 식별하고, 사명감과 헌신적인 자세로 임무를 완수한다. • 부여된 임무/역할을 식별하고, 행동으로 실천한다. • 임무수행 결과에 대하여 책임을 진다. - 공은 부하에게 돌리고, 실패와 나쁜 결과는 여단장이 책임지는 자세 견지 • 임무완수 수행과정에서 어려움을 극복하며 임무와 과업을 완수	☐합격 ☐불합격

전사다움

세부 문항	평가결과
① 여단장으로서 전사기질을 갖추고 있다. • 임무완수에 최선을 다하며, 적과 싸워 기필코 승리하겠다는 전사기질 견지 • 부하가 주도권을 발휘하고자 위험을 감수하는 것을 수용함과 동시에 스스로 위험을 감수하며 솔선수범 실시	☐합격 ☐불합격

주도성

세부 문항	평가결과
① 전장상황에 적합한 추전된 과업을 주도적으로 도출 및 수행한다. 　• 추정된 과업 도출을 주도하고, 과업을 창의적·능동적으로 수행한다. 　　- 실시간 전투협조회의, 전투지휘 간 작전지침 하달 등 　• 단계별 적의 위협과 기도에 적합한 분석 및 판단을 한다. 　　- METT+TC요소 분석 및 지휘관 의도 구상 　　- 적 핵심표적 및 취약점 조기 식별 　　- 적 위협 극복 및 회피대책 강구 　　- 적절한 지휘관 및 참모 활동 　• 예하부대의 임무형지휘 여건을 보장한다. 　　- 현장지휘관의 판단 존중 및 불필요한 간섭 배제를 위한 노력	☐합격 ☐불합격
② 자신의 판단에 확신을 가지고, 여단(연대)의 역량을 집결시켜 전투를 주도적으로 이끌어 간다. 　• 예하부대의 상황을 정확히 파악하면서 여단장(연대장)이 의도하는 대로 통제한다. 　　- 실시간 상황전파 및 공유(ATCIS, 유·무선, 전령 등 활용) 　　- 여단장(연대장)에 의한 실시간 통제 및 지시(직접 무선통화) 　• 전투력 보존 및 작전준비를 위한 적절한 조치를 한다. 　　- 전투력 보존 위한 대책 강구 　　- 적 침투차단 및 후방지역작전을 위한 전투력 운용 　　- 작전지속지원을 위한 대책 강구 　• 마찰요소를 제거하기 위해 지속적으로 노력한다. 　　- 주도면밀한 전장정보분석, 정찰 및 예행연습, 사기 및 군기 유지 등의 조치	☐합격 ☐불합격

회복탄력성

세부 문항	평가결과
① 불확실하고 급변하는 상황 속에서도 평정심을 유지하면서 합리적으로 판단하고 조치한다. • 긴박하고 위태로운 상황 속에서도 냉정하게 평정심을 유지한다. • 상황에 기초한 예측, 준비된 우발계획의 창의적 적용으로 전투지휘 한다. • 예하부대의 잘못된 전술적 조치에도 합리적·효과적으로 대처한다.	☐합격 ☐불합격

군사전문지식

세부 문항	평가결과
① 교리, 제 병과 특징 등에 대한 이해가 깊고, 現 상황에 효과적으로 활용한다. • 전술·전기에 대한 지식이 뛰어나고, 이를 작전에 제대로 활용하고 있다. • 제 병과의 특징을 이해하고, 상황별로 통합 운용할 수 있는 능력을 구비하고 있다. * 전투력으로 발휘되는 구성원, 장비, 물자의 운용방법과 절차 등	☐합격 ☐불합격

직무수행능력

세부 문항	평가결과
① 임무 수행에 필요한 전문지식 등을 구비하고 있으며, 여단에 적합한 과업을 선정 및 임무를 수행한다. • 여단(연대)에 적합한 과업을 선정하고 계획을 수립한다. 　- 가용한 정보를 기초로 작전을 구상한 후 계획지침에 포함하여 참모에게 제시 　- 계획지침에 의거 준비명령을 예하부대, 지원/배속 부대에 하달 • 작전유형별(공격·방어작전 등) 적합한 준비와 지침을 적시에 제시한다.	☐합격 ☐불합격
② 제대별 다양한 상황을 상정하여 예행연습을 반복적으로 실시함으로써 팀워크를 향상시킨다. • 시간 가용시에는 국면별 예하부대와 통합된 예행연습 시행 • 시간 제한시에는 주요국면별 기능이 통합된 예행연습 시행	☐합격 ☐불합격
③ 예하 지휘관 및 참모의 능력을 고려하여 임무를 부여하되 서로 협력적으로 임무를 수행하도록 한다. • 부하들의 능력을 고려한 임무부여 및 상호협조 독려	☐합격 ☐불합격

④ 상황 변화에 적절히 대응 및 평가하면서 지침과 권한 위임 등을 통해 합리적·효율적으로 전투 준비 및조치를 한다.
- 전투실시 간 제 전장기능이 긴밀히 협조되고 유기적·협동적으로 운용된다.
    - 실시간 전장 추적·통제·관리, 실시간 상황보고 및 조치
    - 통신 소통 상태(C4I체계, 유·무선, 통신보안)
- 우발계획을 위한 지침 제시 및 시행 여부를 판단한다.
    * 제 전장기능이 통합된 우발계획의 발전 및 현행 작전화 노력
- 침착하게 상황파악 및 신속하게 조치하며 부대원이 두려움과 위험요소를 극복할 수 있도록 지휘한다.
    - 작전실시간 상황판단 - 결심 - 대응의 기민한 전투지휘
- 야간 전투준비 및 전투수행이 적절하게 조치한다.
    - 기도비닉·전장군기·작전보안 유지 등

☐합격
☐불합격

상황판단력

세부 문항	평가결과
① 전장상황을 통찰하고, 효과적인 상황조치(판단- 결심- 대응)를 한다. • 여단장이 지휘체계시스템(ATCIS 등)를 활용하여 전장 상황을 실시간으로 파악 및 평가한다. • 현행 작전결과를 평가하고, 임무의 경·중·완·급을 고려하여 과업의 우선순위를 식별한다. 　* 전체적인 국면과 문제의 핵심을 정확히 파악 및 평가	☐합격 ☐불합격
② 어렵고 복잡한 상황 속에서도 문제의 핵심을 파악한 후 적시에 최적의 대안을 제시한다. • 동시다발적인 상황에서 임무수행의 우선순위를 주도적으로 판단, 결심 및 조치한다. 　- 실시간 전투협조회의를 통한 결심 및 조치 　- 대응지침 하달 및 작전실시 • 우발상황 발생 시 최초계획에 고착되지 않고, 지휘관 의도와 임무에 기초하여 과감하고 창의적으로 조치한다. 　- 피·아 상황의 변화를 지속적으로 확인 및 평가, 최신화 유지 　- 우발상황 발생 시 상급 지휘관 보고 및 적시적인 부대지휘 • 변화무쌍한 전투현장에서 적절한 판단과 결심 통해 전투지휘한다. 　- 임무형지휘 발휘로 목표지향적 임무수행 　- 상·하급부대의 활동과 제 전장기능의 통합운용	☐합격 ☐불합격

사고 민첩성

세부 문항	평가결과
① 상황의 변화에 따라 창의적인 대안을 적극 수용 및 장려한다. • 전장환경의 변화에 부하들이 적극 참여 할 수 있도록 다양한 방법을 구상 및 적용한다. 　* 상황변화에 부합된 새로운 방식을 선택 및 도전	☐합격 ☐불합격
② 부하들이 창의적인 의견을 제시하도록 장려하고 공감하며, 이를 적극 수용한다. • 개방적인 자세로 새로운 지식과 기술을 탐구하고 이를 조직발전과 작전수행에 적용	☐합격 ☐불합격

솔선수범

세부 문항	평가결과
① 부하들에게 본보기를 보이고, 적극적인 참여를 이끌어 낸다. • 직접지휘가 필요한 국면에서 행동으로 모범을 보이는 등 부하들과 동고동락하며 임무를 수행한다. • 상황파악과 지시사항 이행의 확인 및 지도를 위한 현장지도를 수시 실시한다.(전술지휘소 운용, 주요국면 현장지도 등) • 명확한 명령과 모범으로 부대원이 자신감 있게 전투할 수 있도록 여건조성/지휘한다.	☐합격 ☐불합격

동기부여

세부 문항	평가결과

① 적절한 권한위임으로 부하들이 자율성과 자신감, 그리고 성취감을 갖게 하여 동기부여의 지속성을 유지한다.
• 권한을 적절히 위임하여 부하들의 자율성을 높이고 성취감을 갖게 한다.
   - 부하들에게 명확한 목표와 임무 제시 및 지도
• 계획은 통합하되, 실시는 분권화한다.
   - 계획수립 시 지휘통제본부의 각반과 제작전요소의 통합 운용
   - 선정된 대응방책 시행 시 지휘통제본부의 각반에 조치 위임 및 단계별 확인
• 불필요한 통제와 지나친 간섭을 배제하여 예하부대의 전투지휘 여건을 보장한다.
	☐합격
	☐불합격

② 부하들의 능력에 맞게 임무/동기를 부여한다.
• 부하들의 능력에 맞게 임무를 부여하고 자신감을 갖게 한다.
   - 임무, 기능, 편성, 능력 등 고려 참모와 예하부대 임무 부여
• 부하들을 능력이나 장점을 인정 또는 독려한다.
   - 현행작전 평가결과를 기초로 구체적인 칭찬 및 격려, 지도
• 작전환경, 근무실태, 분위기 등을 주기적으로 확인 및 조치한다.
	☐합격
	☐불합격

소통

세부 문항	평가결과
① 지휘통제시스템을 활용하여 체계적으로 상황을 파악하고 정보를 공유한다. • 실시간 상황을 파악 위해 끊임없이 노력한다. 　- ATCIS(육군전술지휘통제체계)를 활용한 전장가시화 (지휘관심사항 메뉴 활용) • 신속한 전장상황의 공유체계를 구축한다. 　- 대대장(직할중대장), 지원/배속부대장, 인접부대와의 수시 첩보교환 및 무선감청 등 다양한 의사소통 수단을 활용	☐합격 ☐불합격
② 원활한 의사소통을 위해 다양한 수단과 방법을 적절히 활용한다. • 상급 및 인접부대와 실시간 소통을 위해 다양한 노력을 기울이고 있다. 　- 연락반 운용, 주기적인 전투협조회의(협조점 회의 등) • 쌍방형 의사소통을 위한 분위기를 조성한다. 　- 충분한 토의, 의견수렴 등으로 독불장군식 의사결정 지양 　- 회의 중이라도 상황이 발생하면 담당자들이 상황보고 후 즉각조치를 하거나, 수시보고 및 결심을 받을 수 있는 분위기 형성 　- 가능한 계획수립단계에서부터 예하지휘관(자)과 지원/배속부대장의 참여 및 의견 개진 요구 • 부하들에게 자신의 의도를 명확하고 설득력 있게 제시한다. 　- 6하 원칙에 의한 명령하달, 복명복창 및 백 브리핑을 통한 작전개념 및 지휘관 의도의 일치여부 등 확인	☐합격 ☐불합격

신뢰구축

세부 문항	평가결과
① 여단장(연대장)과 부하 또는 기능별 서로 신뢰할 수 있는 팀워크를 구축한다. • 여단장(연대장)과 대대장, 지원/배속부대장이 적절한 역할 분담과 토의, 연습을 통해 하나의 팀으로 운영된다. 　* 전투실시 직전까지 다양한 상황을 상정한 반복훈련으로 팀워크 향상 등 • 지휘권을 정상적으로 행사하되, 임무수행간 의도하지 않는 사소한 잘못이나 실수는 관용한다.	☐합격 ☐불합격
② 전장기능별 상호 유기적인 협조체제를 구축 및 유지하고 있다. • 부하의 과업수행에 치중하기 보다는 전체 작전에 대한 평가와 결심에 집중한다.	☐합격 ☐불합격
③ 여단장은 전투근무지원 통한 부대원의 임무수행 여건을 보장한다. • 적절한 휴식과 수면, 임무교대, 영현처리, 종교행사, 정신교육(군법, 윤리의식, 전쟁법 등) 등	☐합격 ☐불합격

목표설정·방향성 제시

세부 문항	평가결과
① 작전의 목적과 방향을 명확히 제시하고 충분한 공감대를 형성한다. 　• 여단장(연대장)의 의도 및 지침을 명확히 제시한다. 　　- 작전목적, 최종상태, 예하부대의 명확한 과업, 임무수행 방향에 대한 명확한 의도 등 포함 　• 변화되는 상황을 고려하여 수준별 전투협조회의를 한다. 　　- 전투협조회의 시간, 대상, 내용, 방법 등 구분 　• 예하부대 과업은 부여하되, 수행방법은 위임한다.	☐합격 ☐불합격

기민한 작전수행

세부 문항	평가결과
① 다양한 정보와 상황을 통해 전체국면을 통찰하고 기민하게 대응한다. 　• 임무수행 과정에서 발생 가능한 제한사항과 장애요인을 사전에 예측하고 준비한다. 　• 적시적인 전투협조회의를 통하여 변화되는 전장상황에 적합한 전투력 운용을 협조, 조정 및 통제한다. 　　- 여단장의 결심이 필요한 주요 국면이나 긴급 상황에 따른 실질적인 대응조치계획을 수립 및 시행 　　- ATCIS에서 제공하는 정보를 최대한 활용 　• 지휘관의 결심을 신속하고 정확하게 전파 및 의사소통	☐합격 ☐불합격

② 현 상황과 작전수행 결과를 지속적으로 평가하고, 결정
적작전 중심의 전투지휘를 한다.
- 적시에 합리적인 결심을 하고, 적의 약점에 과감하게
  전투력을 집중한다.　　　　　　　　　　　　　☐합격
    - 적 약점 식별, 적 전투력 분산, 상대적 전투력 분석　☐불합격
- 결정적인 시간과 장소에 위치하여 작전을 지휘한다.
    - 전술지휘소 운용(계획수립 및 운용)
    - 생존성 보장대책 강구, 지휘통제 및 통신대책 구비

생산적 결과 창출

세부 문항	평가결과
① 부하의 입장에서 체계적으로 평가하며, 결과는 반드시 유용한 피드백을 제공하거나 신상필벌을 한다. • 기능과 역할에 따라 과업 위주의 체계적인 평가를 하되, 지속적으로 시행함으로서 올바른 방향으로 유도한다. • 쌍방향식 의사소통 기법을 활용하여 피드백을 제공하거나 신상필벌을 한다.	☐합격 ☐불합격
② 여단장의 후속조치 및 평가는 관련 규정 등 명확한 근거를 기준으로 공정하게 지휘조치한다. • 부하를 평가할 때는 상위 계급·직책으로 책임을 수행할 수 있는 자질과 품성을 갖추었는지를 명확히 평가 및 후속 조치	☐합격 ☐불합격

대대장용

육군핵심가치(책임완수)

세부 문항	평가결과
① 대대장으로서 부여된 임무와 역할을 식별하고, 사명감과 헌신적인 자세로 임무를 완수한다. • 부여된 임무를 명확히 식별하고 임무수행 방안 수립 및 구체화 • 공은 부하에게 실패와 나쁜결과를 책임지는 자세 견지	☐합격 ☐불합격

전사다움

세부 문항	평가결과
① 대대장으로서 전사기질을 갖추고 있다. • 임무완수에 최선을 다하며, 적과 싸워 기필코 승리하겠다는 전사기질 견지 • 일관된 균형 전투감각을 유지하며 의연하게 전투지휘	☐합격 ☐불합격

주도성

세부 문항	평가결과
① 대대장은 명시과업 외에 전장상황에 적합한 추정과업을 주도적으로 도출 및 수행한다. • 대대장이 주도적으로 전술적계획수립절차를 적용 및 전투준비 • 대대장은 예하부대에서 일어나는 상황을 정확하게 모니터링하며 자신이 원하는 대로 통제	☐합격 ☐불합격
② 대대장은 동시다발상황에서 임무수행 우선순위를 주도적으로 결심/조치한다. • 실시간 작전수행과정 대응지침하달/전투지휘 • 생존성 보장대책 및 통신대책 강구 등	☐합격 ☐불합격
③ 마찰요소를 제거하기 위해 지속적으로 노력한다. • 주도면밀한 정찰 및 예행연습, 사기 및 군기유지 등 조치	☐합격 ☐불합격

회복탄력성

세부 문항	평가결과
① 긴박하고 위태로운 상황에서 냉정하고 침착한 가운데 자신감있게 지휘한다. • 계획대로 전개되지 않은 상황을 적절하게 조치	☐합격 ☐불합격
② 상황에 기초한 예측, 준비된 우발계획의 창의적 적용으로 전투지휘 한다.	☐합격 ☐불합격

직무수행능력

세부 문항	평가결과
① 대대장 임무수행에 필요한 전문지식 등을 구비하고있으며, 대대에 적합한 과업을 선정 및 임무를 수행한다. • 작전범주(작전유형·형태)별 적합한 준비와 지침을 적시에 제시 • 상급부대, 인접부대와 주기적인 협조를 통한 협조된 작전수행	☐합격 ☐불합격

상황판단력

세부 문항	평가결과
① 대대장은 전장상황을 통찰하고 효과적인 상황조치(판단-결심-대응)한다. • 현행작전결과를 평가하고 임무의 경·중·완·급을 고려하여 과업의 우선순위 식별 • 전체적인 국면과 문제의 핵심을 정확히 파악 및 조치	☐합격 ☐불합격
② 작전 전반을 이해하고 실행 가능성과 타당성, 적절성을 판단 후 작전의 성공을 보장한다.	☐합격 ☐불합격

사고 민첩성

세부 문항	평가결과
① 부하들의 창의적인 대안을 적극 수용 및 결심하여 지휘한다. 　• 기존방식(관습, 관례 등)의 답습보다는 상황변화에 부합된 새로운 방식을 선택하고 도전 　• 전장환경의 변화에 부하들이 적극 참여 할 수 있도록 다양한 방법 구상 및 적용	☐합격 ☐불합격
② 침착하게 상황파악 및 신속하게 조치하며 부대원이 두려움과 위험요소를 극복할 수 있도록 지휘한다. 　• 작전 실시간 상황판단-결심-대응의 기민한 전투지휘	☐합격 ☐불합격

솔선수범

세부 문항	평가결과
① 대대장은 부하들이 지치고 힘든 상황에서, 어렵고 위험한 임무를 수행할 때 먼저 행동으로 모범을 보여 부하들이 따라오게 한다.	☐합격 ☐불합격
② 대대장은 전술적 행동에 있어 모범을 보인다. (복장, 총기휴대, 위장 등).	☐합격 ☐불합격

동기부여

세부 문항	평가결과
① 대대장은 부하들의 능력에 맞게 임무를 부여하고 장점을 극대화 시킨다.	
• 부하들의 능력이나 장점을 인정하고 신뢰, 독려, 지지	☐합격
• 임무, 기능, 편성, 능력 등 고려 참모와 예하부대에 임무 부여	☐불합격
• 계획은 통합하되 실시는 분권화	
② 불필요한 통제와 지나친 간섭을 배제하여 예하부대의 전투지휘 여건을 보장한다.	☐합격
• 임무, 과업위주(구체적인 전투수행 방법의 제시는 지양) 제시	☐불합격
③ 명확한 명령과 결심으로 부대원이 자신있게 전투할 수 있도록 여건 조성 / 지휘한다.	☐합격 ☐불합격

소통

세부 문항	평가결과
① 지휘통제시스템을 활용하여 체계적으로 상황을 파악하고 정보를 공유한다.	☐합격 ☐불합격
② 상급·예하부대와 유·무선 통신체계 유지에 지휘관심이 높다. • 중대장, 지원/배속부대장, 인접부대와 수시 첩보교환 및 무선감청 등 다양한 의사소통 수단 활용(쌍방향 토의, 의견수렴 등)	☐합격 ☐불합격
③ 대대장은 명령하달 및 지시후 복명복창/임무수행계획 보고(백브리핑)를 통해 자신의 의도와 작전개념에 부합되게 이해하고 실행하는지 확인 한다. • 대대~중대 계획의 연계성 확인	☐합격 ☐불합격

신뢰구축

세부 문항	평가결과
① 대대장과 부하(기능별)와 서로 신뢰할 수 있는 팀워크를 구축한다. • 대대장, 지원/배속부대장이 적절한 역할분담과 토의 및 연습을 통해 하나의 팀으로서 운영 • 전투실시간 諸기능이 긴밀히 협조되고 유기적/협동적으로 운용	☐합격 ☐불합격
② 대대는 대대원 상호간 존중과 배려의 분위기가 정착되고 군기가 유지된다. • 임무수행 결과에 대한 책임 전가 여부(상·하 동료) • 지속적인 부하들의 심리상태, 갈등요소 파악/조치 (지휘관, 부사관 조언 청취 등)	☐합격 ☐불합격
③ 대대장은 대대원의 적절한 휴식과 수면, 임무교대, 정신교육, 종교행사, 영현처리 등 조치로 전투스트레스 및 갈등을 관리한다.	☐합격 ☐불합격

목표설정·방향 제시

세부 문항	평가결과
① 대대장은 작전의 목적과 방향을 명확히 제시하고 충분한 공감대를 형성한다. • 선정된 부대과업 위주로 전투 지휘 • 연대장/대대장의 지휘의도 및 지침을 명확히 제시	☐합격 ☐불합격
② 작전시 구성원에게 각자의 역할과 책임을 부여한다. • 필요사항에 대해 임무수행 방법과 권한을 적절히 위임	☐합격 ☐불합격

기민한 작전수행

세부 문항	평가결과
① 다양한 정보와 상황을 통해 전체국면을 통찰하고 기민하게 대응한다. • 임무수행 과정에서 발생 가능한 제한사항과 장애요인을 사전 예측 및 준비로 명확한 전투수행 복안 제시	☐합격 ☐불합격
② 전장 가시화를 통한 전투지휘 및 결심(ATCIS 메뉴 활용 등)	☐합격 ☐불합격

생산적 결과 창출

세부 문항	평가결과
① 부하의 입장에서 체계적으로 평가하며, 결과는 유용한 피드백을 제공하거나 신상필벌 한다. • 예하부대가 상급부대 지휘관 의도와 작전개념에 부합되는 작전수행여부 확인 및 평가 • 예하지휘관의 지휘권 침해 및 간섭 지양	☐합격 ☐불합격
② 부하가 제한사항 건의 시 우선순위를 조정하고 통합하여 결심한다.	☐합격 ☐불합격

중대장용

육군핵심가치(책임완수)

세부 문항	평가결과
① 중대장으로서 부여된 임무와 역할을 식별하고, 사명감과 헌신적인 자세로 임무를 완수한다. • 공은 부하에게 실패와 나쁜결과를 책임지는 자세 견지 • 어렵고 위험한 상황에서 주저하지 않고 결단 및 실행	☐합격 ☐불합격

전사다움

세부 문항	평가결과
① 중대장으로서 전사기질을 갖추고 있다. • 임무완수에 최선을 다하며, 적과 싸워 기필코 승리하겠다는 전사기질 견지 • 소신있고 당당하게, 진두지휘하는 의연한 전투지휘	☐합격 ☐불합격

주도성

세부 문항	평가결과
① 명시과업 외에 전장상황에 적합한 추정과업을 주도적으로 도출 및 수행한다. • 중대장이 주도적으로 전장상황을 예측하며 전투준비 • 중대장은 소대에서 일어나는 상황을 정확하게 파악하며 전투지휘	☐합격 ☐불합격
② 중대장은 동시다발상황에서 임무수행 우선순위를 주도적으로 판단/조치하는가? • 적의 강점을 회피하고 약점에 전투력을 집중하는 전투수행방법 구상(생존성 보장대책 및 통신대책 강구 등)	☐합격 ☐불합격
③ 마찰요소를 제거하기 위해 지속적으로 노력한다. • 주도면밀한 정찰 및 예행연습, 사기 및 군기유지, 정신교육 등 조치	☐합격 ☐불합격

회복탄력성

세부 문항	평가결과
① 긴박하고 위태로운 상황에서 냉정하고 침착한 가운데 자신감있게 지휘한다. • 계획대로 전개되지 않은 상황을 적절하게 조치	☐합격 ☐불합격
② 상황에 기초한 예측, 준비딘 우발계획의 창의적 적용으로 전투지휘 한다.	☐합격 ☐불합격

직무수행능력

세부 문항	평가결과
① 중대장 임무수행에 필요한 전문지식 등을 구비하고있으며, 중대에 적합한 과업을 선정 및 임무를 수행한다. • 작전유형별 적합한 준비와 지침을 적시에 제시 • 상급부대, 인접부대와 주기적인 협조를 통한 협조된 작전수행	☐합격 ☐불합격

상황판단력

세부 문항	평가결과
① 중대장은 전장상황을 통찰하고 효과적인 상황조치(판단-결심-대응)한다. • 현행작전결과를 평가하고 임무의 우선순위를 고려하여 직관에 의해 결심 • 전체적인 국면과 문제의 핵심을 정확히 파악 및 평가/최적의 대안 제시	☐합격 ☐불합격
② 침착하게 상황파악 및 신속하게 조치하며 부대원이 두려움과 위험요소를 극복할 수 있도록 지휘한다. • 전투 실시간 상황판단 - 결심 - 대응의 기민한 전투지휘	☐합격 ☐불합격

사고 민첩성

세부 문항	평가결과
① 부하들의 창의적인 아이디어를 적극 수용 및 결심하여 지휘한다. 　• 급변하는 환경변화에 적응하고, 불확실한 상황을 예측하며 대응방안 준비 　• 전장환경의 변화에 부하들이 적극 참여 할 수 있도록 다양한 방법 구상 및 적용	☐합격 ☐불합격

솔선수범

세부 문항	평가결과
① 부하들에게 좋은 본보기를 보이고, 적극적인 참여를 이끌어 낸다. 　• 직접지휘가 필요한 국면에서 행동으로 모범 (기습달성 가능 시간과 장소에 위치하여 전투지휘) 　• 전술적 행동에 있어 모범(복장, 총기휴대, 위장, 금연 등)	☐합격 ☐불합격
② 중대장은 상황파악 및 지시사항 이행상태를 확인/감독하기 위해 수시로 현장으로 나가 중대원을 지도한다. 　• 주지휘소(관측소) 운용으로 주요 국면 전투지휘 　• 예행연습간 지도/감독・확인	☐합격 ☐불합격
③ 명확한 명령과 모범으로 부대원이 자신감있게 전투할 수 있도록 여건조성 / 지휘한다.	☐합격 ☐불합격

동기부여

세부 문항	평가결과
① 중대장은 부하들의 능력에 맞게 임무를 부여하고 장점을 극대화 또는 독려한다. • 부하들의 능력이나 장점을 인정하고 신뢰, 지지 • 임무, 기능, 편성, 능력 등 고려 예하부대(분·소대)에 임무 부여 • 계획은 통합하되 실시는 분권화 • 소대장들이 서로 협력적으로 행동하도록 지도	☐합격 ☐불합격

소통

세부 문항	평가결과
① 유·무선 활용한 체계적인 상황파악/정보를 공유한다. • 소대장, 지원/배속부대장, 인접부대와 수시 첩보교환 및 무선감청 등 다양한 의사소통 수단 활용(쌍방향 토의, 의견수렴 등)	☐합격 ☐불합격
② 중대장은 명령하달 및 지시후 복명복창/임무수행계획 보고(백브리핑)를 통해 자신의 의도와 작전개념에 부합되게 이해하고 실행하는지 확인한다. • 중대~소대 계획의 연계성 확인 • 예행연습 통한 전투행동 반복·숙달 및 협조사항 도출	☐합격 ☐불합격

신뢰구축

세부 문항	평가결과
① 중대장과 부하간 서로 신뢰할 수 있는 팀워크를 구축한다. • 소대장, 지원/배속부대장의 역할분담과 토의 및 예행연습을 통해 하나의 팀으로서 운영	□합격 □불합격
② 중대는 중대원 상호간 존중과 배려의 분위기가 정착되고 군기가 유지된다. • 임무수행 결과에 대한 책임 전가 여부(상·하 동료) • 지속적인 부하들의 심리상태, 갈등요소 파악/조치 (지휘관, 부사관 조언 청취 등) • 적절한 휴식과 수면, 임무교대, 영현처리, 정신교육, 종교행사 등 실시	□합격 □불합격

목표설정·방향 제시

세부 문항	평가결과
① 중대장은 작전의 목적과 방향을 명확히 제시하고 충분한 공감대를 형성한다. • 선정된 부대과업 위주로 전투지휘 • 대대장/중대장의 지휘의도 및 지침을 명확히 제시	□합격 □불합격

기민한 작전수행

세부 문항	평가결과
① 다양한 정보와 상황을 통해 전체국면을 통찰하고 기민하게 대응한다. • 임무수행 과정에서 발생 가능한 제한사항과 장애요인을 사전 예측 및 준비로 명확한 전투수행 복안 제시/준비 • 전장 가시화를 통한 전투지휘 및 생존성 보장(METT+TC 고려)	☐합격 ☐불합격

생산적 결과 창출

세부 문항	평가결과
① 부하의 입장에서 체계적으로 평가하며, 결과는 유용한 피드백을 제공하거나 신상필벌 한다. • 작전 실시간 가장 치열한 곳에서 전투현장의 변화되는 상황 확인/지도 • 예하지휘관의 지휘권 침해 및 간섭 지양	☐합격 ☐불합격

소대장용

육군핵심가치(책임완수)

세부 문항	평가결과
① 소대장으로서 부여된 임무와 역할을 식별하고, 사명감과 헌신적인 자세로 임무를 완수한다. • 공은 부하에게 실패와 나쁜결과를 책임지는 자세 견지 • 어렵고 위험한 상황에서 주저하지 않고 결단 및 실행	☐합격 ☐불합격

전사다움

세부 문항	평가결과
① 소대장으로서 전사기질을 갖추고 있다. • 임무완수에 최선을 다하며, 적과 싸워 기필코 승리하겠다는 전사기질 견지 • 소신있고 당당하게, 진두지휘하는 의연한 전투지휘	☐합격 ☐불합격

주도성

세부 문항	평가결과
① 명시과업 외에 전장상황에 적합한 추정과업을 주도적으로 도출 및 수행한다. • 소대장이 주도적으로 전장상황을 예측하며 전투준비 • 소대장은 소대에서 일어나는 상황을 정확하게 파악하며 전투지휘	☐합격 ☐불합격
② 소대장은 동시다발상황에서 임무수행 우선순위를 주도적으로 판단/조치하는가? • 적의 강점을 회피하고 약점에 전투력을 집중하는 전투수행방법 구상(생존성 보장대책 및 통신대책 강구 등)	☐합격 ☐불합격
③ 마찰요소를 제거하기 위해 지속적으로 노력한다. • 주도면밀한 정찰 및 예행연습, 사기 및 군기유지, 정신교육 등 조치	☐합격 ☐불합격

회복탄력성

세부 문항	평가결과
① 긴박하고 위태로운 상황에서 냉정하고 침착한 가운데 자신감있게 지휘한다. • 계획대로 전개되지 않은 상황을 적절하게 조치	☐합격 ☐불합격
② 상황에 기초한 예측, 준비된 우발계획의 창의적 적용으로 전투지휘 한다.	☐합격 ☐불합격

직무수행능력

세부 문항	평가결과
① 소대장 임무수행에 필요한 전문지식 등을 구비하고있으며, 소대에 적합한 과업을 선정 및 임무를 수행한다. • 작전유형별 적합한 준비와 지침을 적시에 제시 • 상급부대, 인접부대와 주기적인 협조를 통한 협조된 작전수행 • 제 전장기능을 통한한 현행작전에 노력 집중과 우발사태 대비	☐합격 ☐불합격

상황판단력

세부 문항	평가결과
① 소대장은 전장상황을 통찰하고 효과적인 상황조치 한다. • 빠른 작전반응시간 위해 '상황판단-결심-대응' 능력 구비 • 전체적인 국면과 문제의 핵심을 정확히 파악 및 평가/최적의 대안 제시	☐합격 ☐불합격
② 침착하게 상황파악 및 신속하게 조치하며 부대원이 두려움과 위험요소를 극복할 수 있도록 지휘한다. • 전투 실시간 상황판단 - 결심 - 대응의 기민한 전투지휘	☐합격 ☐불합격

사고 민첩성

세부 문항	평가결과
① 부하들의 창의적인 아이디어를 적극 수용 및 결심하여 지휘한다. • 새로운 방식을 선택하고 도전 • 부하들이 적극 참여할 수 있도록 다양한 방법 구상 및 적용	☐합격 ☐불합격

솔선수범

세부 문항	평가결과
① 부하들에게 좋은 본보기를 보이고, 적극적인 참여를 이끌어 낸다. • 전술적 행동에 있어 모범(복장, 총기휴대, 위장, 금연 등)	☐합격 ☐불합격
② 소대장은 상황파악 및 지시사항 이행상태를 확인/감독하기 위해 수시로 현장으로 나가 소대원을 지도한다. • 주요국면 전투지휘(위험하고 지휘통제가 가장 용이한 곳에서 진두지휘) • 예행연습간 지도/감독·확인	☐합격 ☐불합격
③ 명확한 명령과 모범으로 부대원이 자신감있게 전투할 수 있도록 여건조성 / 지휘한다.	☐합격 ☐불합격

동기부여

세부 문항	평가결과
① 소대장은 부하들의 능력에 맞게 임무를 부여하고 장점을 극대화 또는 독려한다. • 부하들의 능력이나 장점을 인정하고 신뢰, 지지 • 임무, 기능, 편성, 능력 등 고려 예하부대(분대)에 임무 부여 • 계획은 통합하되 실시는 분권화 • 분대장들이 서로 협력적으로 행동하도록 지도	☐합격 ☐불합격

소통

세부 문항	평가결과
① 유·무선 활용한 체계적인 상황파악/정보를 공유한다. • 분대장, 인접부대와 수시 첩보교환 및 무선감청 등 다양한 의사소통 수단 활용 • 쌍방향 토의, 의견수렴 등으로 독불장군식 의사결정 지양	☐합격 ☐불합격
② 소대장은 명령하달 및 지시후 복명복창/임무수행계획보고(백브리핑)를 통해 자신의 의도와 작전개념에 부합되게 이해하고 실행하는지 확인한다. • 소대~분대 계획의 연계성 확인 • 예행연습 통한 전투행동 반복·숙달 및 협조사항 도출	☐합격 ☐불합격

신뢰구축

세부 문항	평가결과
① 소대장과 부하간 서로 신뢰할 수 있는 팀워크를 구축한다. • 분대장의 역할분담과 토의 및 예행연습을 통해 하나의 팀으로서 운영	☐합격 ☐불합격
② 소대는 중대원 상호간 존중과 배려의 분위기가 정착되고 군기가 유지된다. • 임무수행 결과에 대한 책임 전가 여부(상·하 동료) • 지속적인 부하들의 심리상태, 갈등요소 파악/조치 (부사관 조언 청취 등) • 적절한 휴식과 수면, 임무교대, 영현처리, 정신교육, 종교행사 등 실시	☐합격 ☐불합격

목표설정·방향 제시

세부 문항	평가결과
① 소대장은 작전의 목적과 방향을 명확히 제시하고 충분한 공감대를 형성한다. • 선정된 부대과업 위주로 전투지휘 • 중대장/소대장의 지휘의도 및 지침을 명확히 제시	☐합격 ☐불합격

기민한 작전수행

세부 문항	평가결과
① 다양한 정보와 상황을 통해 전체국면을 통찰하고 기민하게 대응한다. • 임무수행 과정에서 발생 가능한 제한사항을 사전 예측 및 준비로 명확한 전투수행 방안도출/준비(창의적으로 전투 등) • 전장 가시화를 통한 전투지휘 및 생존성 보장 (METT+TC 고려)	☐합격 ☐불합격

생산적 결과 창출

세부 문항	평가결과
① 부하의 입장에서 체계적으로 평가하며, 결과는 유용한 피드백을 제공하거나 신상필벌 하는가? • 예하부대가 상급부대 지휘관 의도와 작전개념에 부합되는 작전수행 여부 확인/평가	☐합격 ☐불합격

분대장용

육군핵심가치(책임완수)

세부 문항	평가결과
① 분대장으로서 부여된 임무와 역할을 식별하고, 사명감과 헌신적인 자세로 임무를 완수한다. • 공은 부하에게 실패와 나쁜결과를 책임지는 자세 견지 • 어렵고 위험한 상황에서 주저하지 않고 결단 및 실행	☐합격 ☐불합격

전사다움

세부 문항	평가결과
① 분대장으로서 전사기질을 갖추고 있다. • 임무완수에 최선을 다하며, 적과 싸워 기필코 승리하겠다는 전사기질 견지 • 소신있고 당당하게, 진두지휘하는 의연한 전투지휘	☐합격 ☐불합격

주도성

세부 문항	평가결과
① 명시과업 외에 전장상황에 적합한 추정과업을 주도적으로 도출 및 수행한다. • 분대장이 주도적으로 전장상황을 예측하며 전투준비 • 분대장은 소대에서 일어나는 상황을 정확하게 파악하며 전투지휘	☐합격 ☐불합격
② 분대장은 동시다발상황에서 임무수행 우선순위를 주도적으로 판단/조치하는가? • 적의 강점을 회피하고 약점에 전투력을 집중하는 전투수행방법 구상(생존성 보장대책 및 통신대책 강구 등)	☐합격 ☐불합격
③ 마찰요소를 제거하기 위해 지속적으로 노력한다. • 주도면밀한 정찰 및 예행연습, 사기 및 군기유지, 정신교육 등 조치	☐합격 ☐불합격

회복탄력성

세부 문항	평가결과
① 긴박하고 위태로운 상황에서 냉정하고 침착한 가운데 자신감있게 지휘한다. • 계획대로 전개되지 않은 상황을 적절하게 조치	☐합격 ☐불합격
② 임무에 기초한 상황판단과 창의적인 방법으로 전투지휘한다.	☐합격 ☐불합격

직무수행능력

세부 문항	평가결과
① 분대장 임무수행에 필요한 전문지식 등을 구비하고있으며, 분대에 적합한 과업을 선정 및 임무를 수행한다. • 작전유형별 적합한 준비와 지침을 적시에 제시 • 상급부대, 인접부대와 주기적인 협조를 통한 협조된 작전수행 • 현행작전에 노력 집중과 우발사태 대비	☐합격 ☐불합격

상황판단력

세부 문항	평가결과
① 분대장은 전장상황을 통찰하고 효과적인 상황조치 한다. • 빠른 작전반응시간 위해 '상황판단-결심-대응' 능력 구비 • 전체적인 국면과 문제의 핵심을 정확히 파악 및 평가/최적의 대안 제시	☐합격 ☐불합격
② 침착하게 상황파악 및 신속하게 조치하며 부대원이 두려움과 위험요소를 극복할 수 있도록 지휘한다. • 전투 실시간 상황판단 - 결심 - 대응의 기민한 전투지휘	☐합격 ☐불합격

사고 민첩성

세부 문항	평가결과
① 부하들의 변화 유도와 창의적인 아이디어를 적극 수용 및 정리하여 지휘하는가? • 상황변화에 따른 새로운 방식을 선택하고 도전 • 급변하는 환경변화에 적응하고, 불확실한 상황을 예측하며 대응방안 준비	☐합격 ☐불합격

솔선수범

세부 문항	평가결과
① 부하들에게 좋은 본보기를 보이고, 적극적인 참여를 이끌어 낸다. • 선두에서 전투지휘하며 전술적 행동에 있어 모범 (복장, 총기휴대, 위장, 금연 등)	☐합격 ☐불합격
② 분대장은 상황파악 및 지시사항 이행상태를 확인/감독하기 위해 수시로 현장으로 나가 분대원을 지도한다. • 주요국면 전투지휘/예행연습 간 확인·감독(현장위주)	☐합격 ☐불합격
③ 명확한 명령과 모범으로 부대원이 자신감있게 전투할 수 있도록 여건조성 / 지휘한다.	☐합격 ☐불합격

동기부여

세부 문항	평가결과
① 분대장은 부하들의 능력에 맞게 임무를 부여하고 장점을 극대화 또는 독려한다. • 부하들의 능력이나 장점을 인정하고 신뢰, 지지 • 임무, 기능, 편성, 능력 등 고려 예하부대(분대)에 임무 부여 • 분대원들이 서로 협력적으로 행동하도록 지도	☐합격 ☐불합격

소통

세부 문항	평가결과
① 유·무선 활용한 체계적인 상황파악/정보를 공유한다. • 소대장, 인접부대와 수시 첩보교환 및 무선감청 등 다양한 의사소통 수단 활용(릴레이식 전파 등 가용수단 활용)	☐합격 ☐불합격
② 분대장은 명령하달 및 지시후 복명복창/임무수행계획보고(백브리핑)를 통해 자신의 의도와 작전개념에 부합되게 이해하고 실행하는지 확인한다. • 분대 계획의 연계성 확인(워게임식 명령하달) • 예행연습 통한 전투행동 반복·숙달 및 협조사항 도출	☐합격 ☐불합격

신뢰구축

세부 문항	평가결과
① 분대장과 부하간 서로 신뢰할 수 있는 팀워크를 구축한다. • 분대 예행연습을통해 하나의 팀으로서 운영 • 분대원과 함께 행동(상하동욕자승)	☐합격 ☐불합격
② 분대는 분대원 상호간 존중과 배려의 분위기가 정착되고 군기가 유지된다. • 임무수행 결과에 대한 책임 전가 여부(상·하 동료) • 지속적인 부하들의 심리상태, 갈등요소 파악/조치 • 적절한 휴식과 수면, 임무교대, 영현처리, 정신교육, 종교행사 등 실시	☐합격 ☐불합격

목표설정·방향 제시

세부 문항	평가결과
① 분대장은 작전의 목적과 방향을 명확히 제시하고 충분한 공감대를 형성한다. • 선정된 부대과업 위주로 전투지휘 • 소대장/분대장의 지휘의도 및 지침을 명확히 제시	☐합격 ☐불합격

기민한 작전수행

세부 문항	평가결과
① 다양한 정보와 상황을 통해 전체국면을 통찰하고 기민하게 대응한다. • 임무수행 과정에서 발생 가능한 제한사항과 장애요인을 사전 예측 및 준비로 명확한 전투수행 방안도출/준비 (육성지휘 능력과 통신대책 강구 등) • 전장 가시화를 통한 전투지휘 및 생존성 보장 (METT+TC 고려)	☐합격 ☐불합격

생산적 결과 창출

세부 문항	평가결과
① 부하의 입장에서 체계적으로 평가하며, 결과는 유용한 피드백을 제공하거나 신상필벌 하는가? • 예하부대가 상급부대 지휘관 의도와 작전개념에 부합되는 작전수행 여부 확인/평가 • 예하지휘관의 지휘권 침해 및 간섭 지양	☐합격 ☐불합격